中村桂子コレクション
いのち愛づる生命誌 Ⅶ

宮沢賢治で生命誌を読む

生《な》る

藤原書店

宮沢賢治を意識して、義父のドイツ留学時の帽子を

2014 年　JT 生命誌研究館　20 周年記念パーティー
於：ホテルオークラ　写真提供：JT 生命誌研究館

ゴーシュの水車小屋を最初に訪れたのは三毛猫

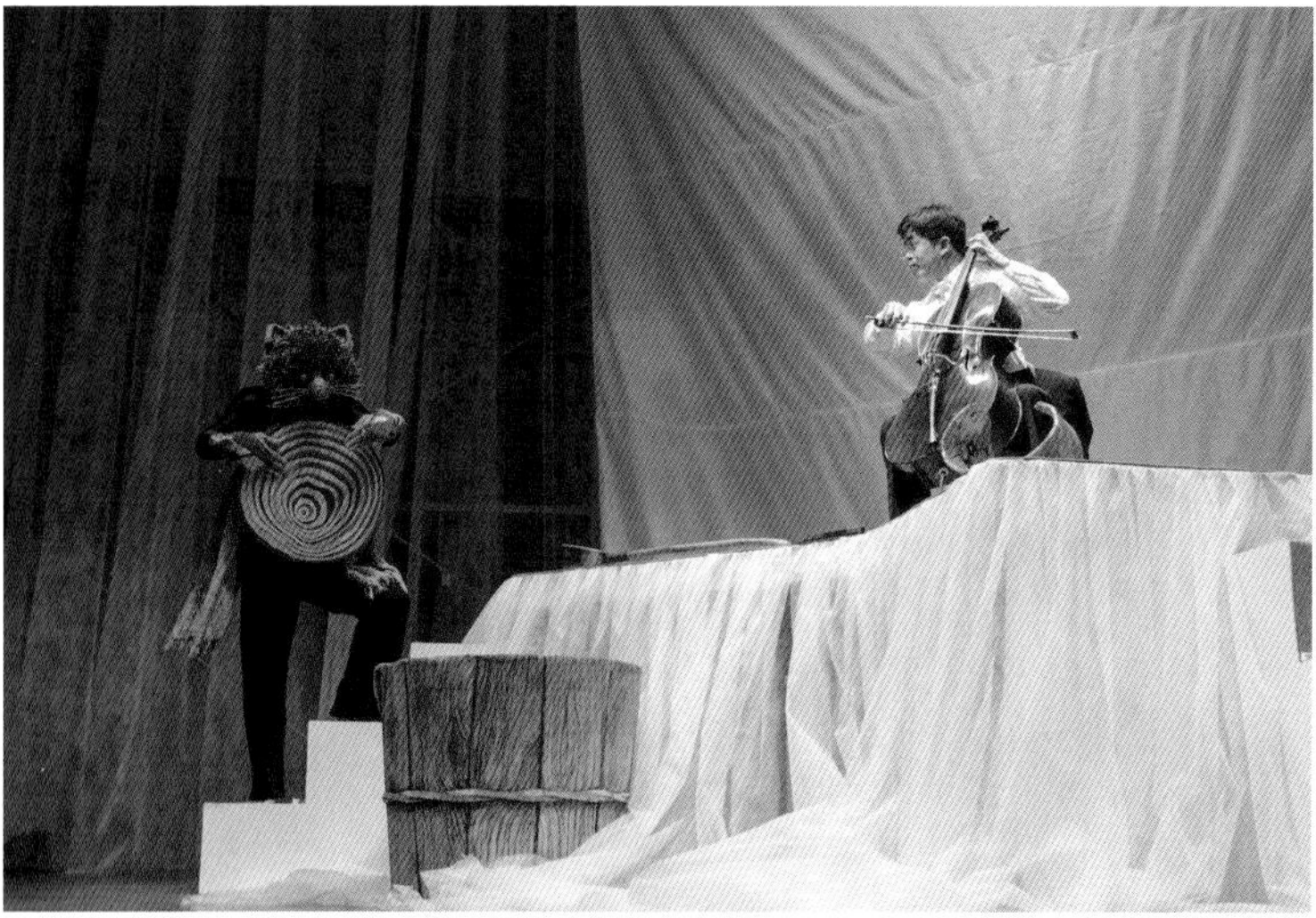

三番目にやって来た狸

音楽劇「生命誌版　セロ弾きのゴーシュ」

原作：宮沢賢治　監督：藤原道夫・沢則行　演出・美術・人形遣い：沢則行
チェロ：谷口賢記　ピアノ：鎌倉亮太
語り：中村桂子・村田英克　美術アシスタント・OHP：黒川絵里奈
2014年初演　写真提供：JT生命誌研究館

二番目にやって来たかっこう。影絵も使った舞台

ゴーシュは水をごくごく飲んで自然の世界に入る

著者（右）は語りを担当

最後にやってきた野ねずみの親子

「生命誌」の世界と重なる、
加藤昌男さんによる銅版画の作品。
加藤さんは宮沢賢治の童話から108篇を選び蔵書票という形で『賢治曼陀羅蔵書票』も制作している。

この2枚は、手刷りのカレンダー『生きもの百物誌』シリーズ（1990〜2006年）1994年版「Water-Land」より。

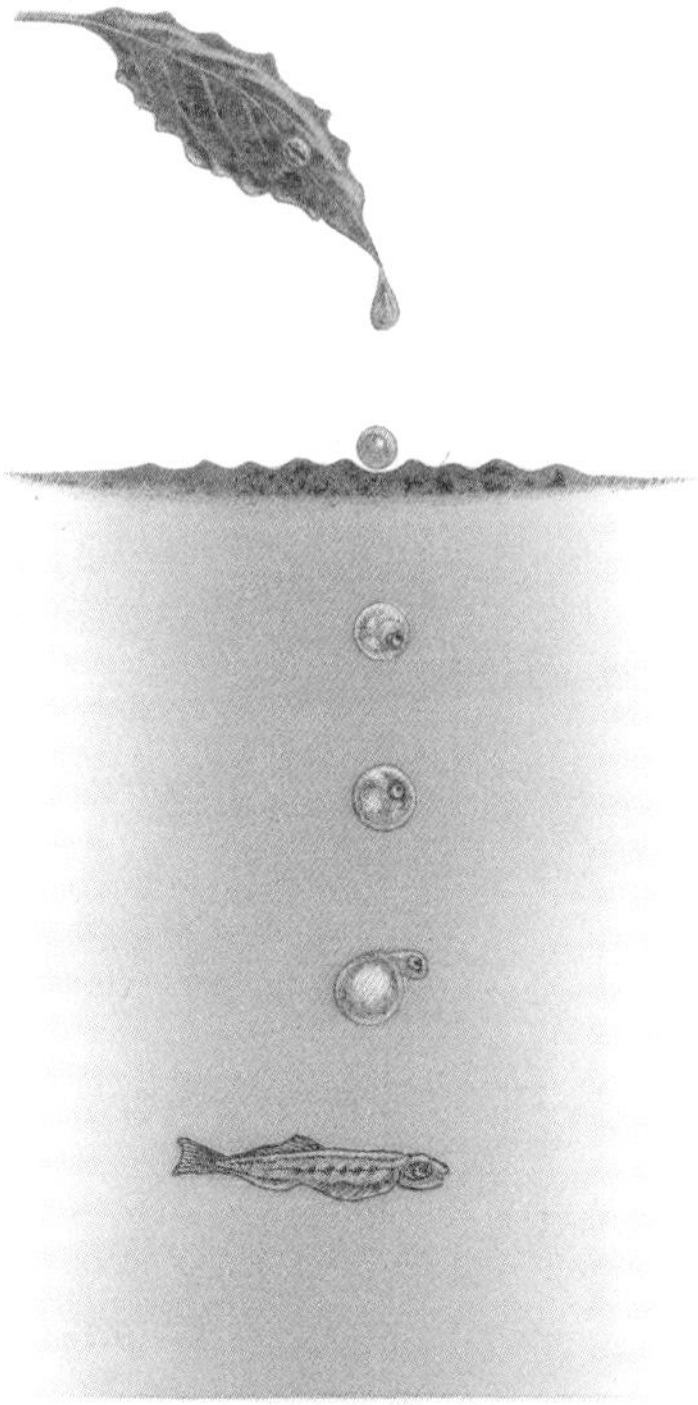

「いつもここから始まる……生命の一滴」
《 be Born 》

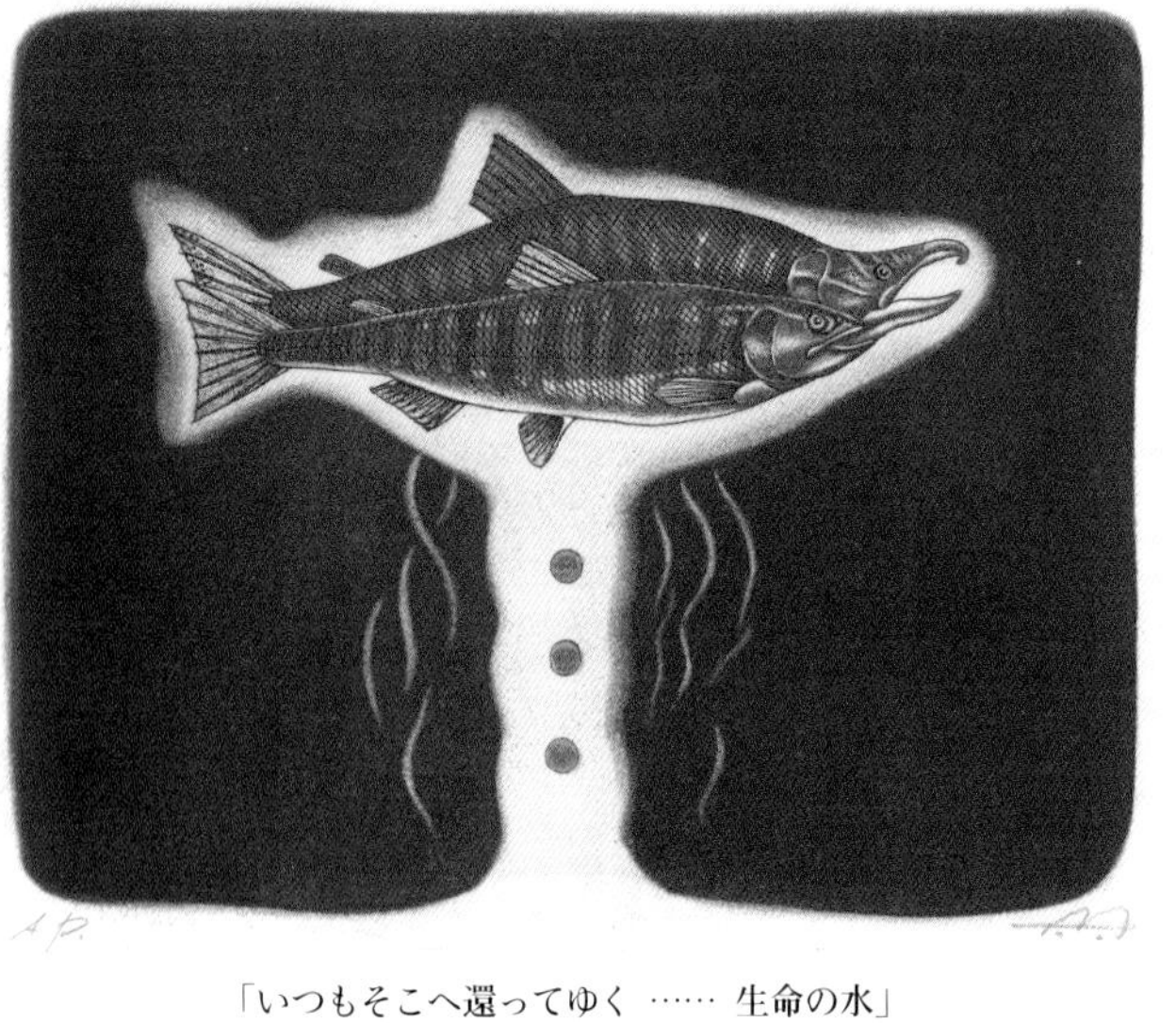

「いつもそこへ還ってゆく …… 生命の水」
《 Revival of Life 》

はじめに

机の脇の書棚に『宮沢賢治全集』全十巻（ちくま文庫）があります。「生命誌」を考えていると、ふと賢治の言葉が浮かぶことがあるものですから、仕事の途中でときどきその中の一冊を取りだして参考にしています。主として読むのは十巻のうちの五巻から八巻まで、つまり童話です。宮沢賢治その人を知るには詩や書簡を読みこむことが大事なのでしょうが、賢治を研究しよう、知りつくそうというつもりではなく、宮沢賢治の中に「生命誌」が見出せるのを楽しむという読み方なので、子どものころから親しんできた童話が対象になります。

「生命誌」は自然、とくに生きものたちの中に存在している物語を読み解こうとしているのですが、その思いで読んでいくと宮沢賢治の童話には、「そうなんですよ」と叫びたくなるものの見方や言葉がたくさんあります。賢治は明らかに自然の中から物語を引きだす天才ですから、賢治の童話の力を借りて、生命誌による自然の理解を深めていくのは楽しい作業です。

そのように賢治と話しあっていることを本にまとめようと思ったのは、今、私たちの暮らす社会は転換点にあると思うからです。人類は長い間、利便性を求めて資源やエネルギーの消費を拡大し続けてきました。けれども二〇世紀半ばころから、それが地球に影響を及ぼすほどの大きさになっていることが見えてきました。その一つが、地球環境問題です。よく知られており、多くの議論がなされていますので詳細には述べませんが、最近目立つ異常気象など問題は年々大きくなっています。つまり、人間による自然破壊を意識しなければならない事態です。

ここで、生命誌として指摘しておきたいことがあります。人間は自然の一部なのですから、外の自然を壊す行為は、当然私たちの中にある内なる自然、つまり体と心をも壊すことになります。体にはアレルギー、心にはひきこもりや鬱病《うつびょう》など多くの課題が浮かびあがっています。生命誌では、心を時間と関係の問題ととらえます。効率ばかりに目を向け、時間や人と人との関係を切る社会が、心に負荷を与えています。「忙」という文字が〝心を亡《な》くす〟であることが、それを示しているのではないでしょうか。私たち一人ひとりが、自然と人間について考える必要があります。

現状を象徴する二つの課題をあげます。一つは、新型コロナウイルス感染のパンデミックです。感染を抑えるには密を避けなければならないので、電車通勤、会議など通常の産業活動ができません。音楽会、演劇、スポーツなどの文化活動もままならず、いわば普通の生活ができない状態に追いこまれました。コウモリに寄生していたウイルスが人間の世界に出てきてこのような事態になったのですから、人間が多様な生きものの一つであることに気づかざるを得ません。他の生きものたちとの関係の大切さを実感します。

もう一つは、二〇五〇年までに温室効果ガス（二酸化炭素やメタンなど）の排出を全体としてゼロにするという動きです。日本を含む一二六の国と地域がこれを目標にしているのは、このままでは異常気象が続き、災害が多発し、おちついた日常生活が送れなくなるからです。それどころか生存もむずかしくなるかもしれません。これもまた人間が生きものであり、地球生態系あっての存在だということを示しています。

今や私たちは、「人間が生きものであり、自然の一部である」というあたりまえのことを、あたりまえだからと言って意識せずに暮らせる時代ではなくなったのではないでしょうか。

現代の考え方でいくと、新型コロナウイルスにしても温室効果ガスにしても、科学技術の力で問題解決をしようということになりますが、これまでのような自然を征服しようとする方法での解決はできないでしょう。もちろん、ウイルスにはまずワクチンで対処する必要がありますし、気象についても科学の知識とそれを基にした技術は重要です。けれども、もっとも大事なのは私たちの意識です。あたりまえすぎるくらいあたりまえであるために、特段意識せずにきた、「人間は生きものであり、自然の一部である」というところから始める生活様式を組み立て、それを支える自然征服型ではない科学技術に目を向けるのでなければ、問題は解決しません。

まず自然の物語に耳を傾け、そこにある知恵を身につけることです。そのとき頭に浮かぶのが、宮沢賢治です。賢治は、すべての作品の最初に置かれる言葉を、「きれいにすきとほつた風をたべ、桃いろのうつくしい朝の日光をのむ」とし、〝虹や月明かりからもらったお話を語る〟と言っているのですから。

賢治が語る自然の中にあるさまざまな物語に耳を傾け、生きものであることを意識しながら新しい生き方を探るのは楽しい挑戦になることでしょう。競争に明け暮れて格差社会をつくるよりは、自然に秘められた知恵に学び、すべての人が本当の幸せを感じる社会をつくる方が楽しいに決まっています。賢治に助けられて生命誌がより豊かな知になり、幸せな社会づくりに貢献できることを願いながらの旅を始めます。

二〇二一年七月

中村桂子

中村桂子コレクション　いのち愛《め》づる生命誌　7

生《な》る　宮沢賢治で生命誌を読む

もくじ

第二章　〝農〟の始まりから見直さなければ

終章 〝わからない〟を楽しむ

往復書簡　すべてがわたくしの中のみんなであるように――若松英輔 中村桂子

中村桂子コレクション　いのち愛《め》づる生命誌　7

生《な》る　宮沢賢治で生命誌を読む

凡例

一　本巻は、全篇が書き下ろしである。
一　註は、該当する語の右横に＊で示し、段落末においた。
一　作品名は、『　』で示した。
一　作品からの引用は「　」で示した。〃　〃は引用ではなく筆者の言葉で言い換えたものである。
一　引用部分におけるふりがなは、現代かなづかいとした。また、適宜補った。
一　引用部分に編集部が加えた注は〔　〕で示した。
一　引用部分における省略は（…）で示した。
一　宮沢賢治の作品からの引用は、『宮沢賢治全集』全十巻（ちくま文庫）を底本とした。

柏原怜子
編集協力＝甲野郁代
柏原瑞可
製作担当＝山﨑優子
装　丁＝作間順子

序章

1　自然の物語を読み解く天才

大学生のとき、生化学の授業で体内での代謝マップ（次頁の図を参照）を知り、そこでは物質が循環して活用されていることに驚きました。使い終わったものはゴミとして捨てるのがあたりまえと思っていましたから。もう一つ、DNAの二重らせん構造を美しいと思ったことが生きものへの関心につながりました。理性より情感が生命科学という分野を選ばせたような気がします。最近では、DNAはよく知られるようになりました。ただ、DNAは生きもののありようのすべてを決めている物質と思われているようですが、そんなことはありません。地球上のあらゆる生きものがDNAの入った細胞でできているので、DNAを介して生きもののすべてを関連づけて考えられるところがおもしろいのです。ここにも情感がはたらいているかもしれません。

DNAの分析と機能の解明を中心にした研究は、二〇世紀後半急速に進歩しました。ただ、いつのころからか私の中に、「分析しつくしても、生きものはわからないのではないか」という気持ちが生まれてきました。とはいえ、「生命とは何ぞや」と腕組みして考えても知恵は出てきませんので、目の前の生きものを見ていくしかありません。幸い、一つの細胞の中にあるＤＮＡのすべて（ゲノム）、つまり全体を扱える方法が出てきましたので、その方法で調べていけば、小さな世界を見ながらも生きもの全体を考えるとっかかりが得られることがわかってきました。

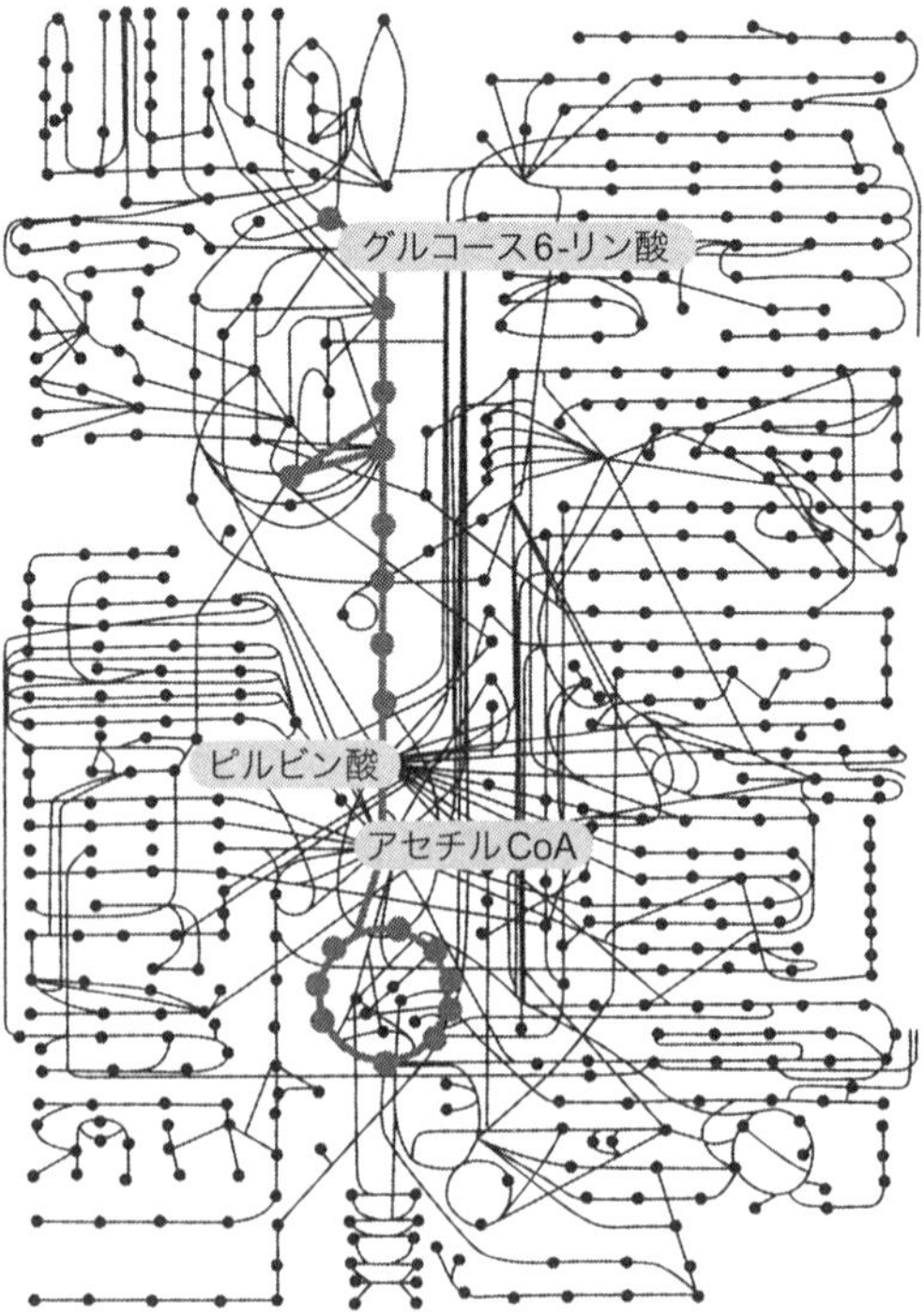

体内での代謝マップの一つ、重要なクエン酸回路

●は生体内ではたらくさまざまな物質

出典：『細胞の分子生物学　第４版』（ニュートンプレス）の図をもとに作成

ゲノムは一つの細胞の中にあるDNAの総体ですから、あらゆる生きものに共通です。しかし、個々の生きものがもっているゲノムはすべて違う。つまり、共通と多様が一緒に見られるのです。しかも、私のゲノムは私にしかない独自のものです。「生物多様性」は重要ですけれど、「多様でありながら共通でもある」というように、多様と共通の両面を見ないと生きものを見ていることにはなりません。全体を知ることと分析とは両立しないと考えられてきましたが、ゲノムはおもしろいことにすべてを分析できるものでありながら全体を語れます。この、他にはどこにもない切り口で生きものについて考えようと思ったのが、現在の仕事「生命誌」の出発点です。

私のゲノムは、両親から受け継いだものです。両親のゲノムはその両親から受け継いだものですから、ゲノムを辿っていくと、生命の起源までさかのぼります。現存の生物のどれから始めても同じ起源に戻ります。ゲノムを通して、生命の起源から現在までの歴史物語が読み解けるのです。これで、少しは生命の本質に近づけるのではないかと思いました。「生命誌」は、自然が語る物語を読む作業なのです。地球上に生命体が生まれたのが三八億年前ですから、この作業はいつも三八億年の歴史を考えることになります。

ヒトゲノム解読がなされたのが二〇〇三年。それ以来ゲノムに書きこまれた歴史を読みなが

宮沢賢治
（1896-1933）

ら一八年経ってわかってきたのは、ゲノムの配列だけからでは生きものの物語は語れないということだと白状しなければなりません。一つの個体が生きている間に、ゲノム内の配列が微妙に変化して少しずつ異なるはたらきをすることがわかってきたのです。それは環境とのかかわりの中で起きることであり、偶然にも影響されるという複雑さが見えてきました。エピジェネティクスとよばれます。ここではその詳細は語りませんが、そのようにＤＮＡが変化した細胞たちがどのような行動をとるかをていねいに追う必要があるのです。ゲノムと同時に生きものたちが生きている姿をよく見なければ何もわからないと改めて感じています。

宮沢賢治は、ＤＮＡもゲノムも知りませんし、ましてやここで書いたような最近の科学の動きとは無関係です。けれども、科学には子どものころから強い興味をもっており、それと自然に対する独自の直観力とで自然の物語を読みとって描きだしています。そこには、今ここで書いてきた最近の科学研究の結果わかってきたことを先取りしているように見えることがたくさんあって驚かされます。直観とはおもしろいものです。

私は、賢治が大好きでよく読んできたというわけではありません。普通の読者です。しかも、賢治は人間としての魅力があるけれど、近寄るのはちょっと避けたいというのが本音です。凡人が天才に対して感じる気持ちでしょう。生きものに近づくために力を貸していただこうという、やや勝手な近づき方です。

2 自然への敏感さ

「共感覚」という言葉をお聞きになったことがおありでしょうか。近年の脳科学で明らかにされたことで、ある一つの刺激に対して通常の感覚だけでなく別の感覚が自然に生じるとき、それを「共感覚」とよびます。人間の脳は見る、聞くなどの五つの感覚を独立して処理する一方で、脳内でそれらを関連づけています。その関連が強烈で、たとえば数や音に色が見える人、味や匂いに形を見る人がいることがわかってきたのです。

賢治を読んでいると、彼は共感覚のもち主ではないかと思えます。自然を感じとる力、自然の物語を読み解く力が私のような凡人と違い、とても強いと思う場面にしばしば出合います。超常現象に関心があったと言われますが、私たちには見えないものを見て、聞こえないものを聞いていたのではないでしょうか。形が色や音として聞こえることもあり、感じとったものをそのまま表現したのではないでしょうか。

事実、医師である友人の佐藤隆房《さとうたかふさ》が「賢治さんは、優れた官能の鋭敏さと、まれに見る官能間の融通性とを持っていました。目で見たものは耳から聞いたように、耳から聞いたことは、目で見たように、自由に感じ得られる人でした。ですから色を見ては、感情となったり、形となったり、音楽となったりしますし、形を見ては、色となったり、音となったりし、音を聞いては色とか形を思い浮かべ、それが叙情の詩となる人でした」と語っています。（髙山秀三『宮澤賢治　童話のオイディプス』未知谷、二〇〇八年）

それがそのまま表現されている詩『春と修羅』はとても興味深いのですが、なかなか入りこんでいけないところがあります。一方童話は、語りかける相手を意識しているからでしょう。つながりが感じられ、しかも生命誌と重なるところが多いので、ここでは童話から見えてくる自然の物語を見ていきます。

宮沢賢治　略年譜

1896（明治29）年	8月27日、岩手県稗貫郡花巻川口町（現花巻市豊沢町）にて、質・古着商を営む宮沢政次郎とイチの長男として生まれる。弟妹は、トシ、シゲ、清六、クニ。
1903（明治36）年	町立花巻川口尋常高等小学校に入学。
1909（明治42）年	花城尋常高等小学校卒業。県立盛岡中学校（現盛岡第一高等学校）入学。
1914（大正3）年	盛岡中学校卒業。
1915（大正4）年	盛岡高等農林学校（現岩手大学農学部）農学科第二部に首席で入学。
1917（大正6）年	小菅健吉、保阪嘉内、河本義行と同人誌『アザリア』を創刊。
1918（大正7）年	盛岡高等農林学校卒業、研究生となる。徴兵検査、第二種乙種、徴兵免除。
1921（大正10）年	稗貫郡立稗貫農学校（後の県立花巻農学校）教諭に就任。多くの童話を創作。
1922（大正11）年	11月27日、妹トシ死去。
1924（大正13）年	『心象スケッチ　春と修羅』を自費出版。『イーハトヴ童話　注文の多い料理店』を刊行。
1926（大正15）年	花巻農学校を依願退職。農民の生活向上をめざして農業指導を実践するため、羅須地人協会を設立。
1928（昭和3）年	12月、急性肺炎になる。その後、度々病臥。
1931（昭和6）年	東北砕石工場技師となり、宣伝販売を受け持つ。11月3日、手帳に『雨ニモマケズ』を書き留める。
1933（昭和8）年	9月21日、死去。（享年37歳）

（宮沢賢治記念館ホームページを参考に作成）

第一章

風の運ぶ物語と生命誌

1　『いてふの実』――次世代へとつながる物語

小説を読むとき、筋を追っていることがよくあります。けれど、宮沢賢治の作品は一言一言が語ることを聞きとる、そんな読み方を求めます。しかも、その多くは、自然が語ることを伝えてくれているのです。

『いてふの実』は、秋になっていちょうの木から銀杏《ぎんなん》が落ちるというだけの、たわいもない話です。確かに銀杏は落ちるところが気になる実ではありますけれど、そこに特段の物語があるようには見えません。落ちていく実が子どもに見え、そこににぎやかな会話を聞きとる賢治はさすがです。

賢治の童話はどれも始まりがよいのです。

そらのてっぺんなんか冷たくて冷たくてまるでカチカチの灼《や》きをかけた鋼《はがね》です。

そして星が一杯です。けれども東の空はもう優しい桔梗《ききょう》の花びらのやうにあやしい底光りをはじめました。

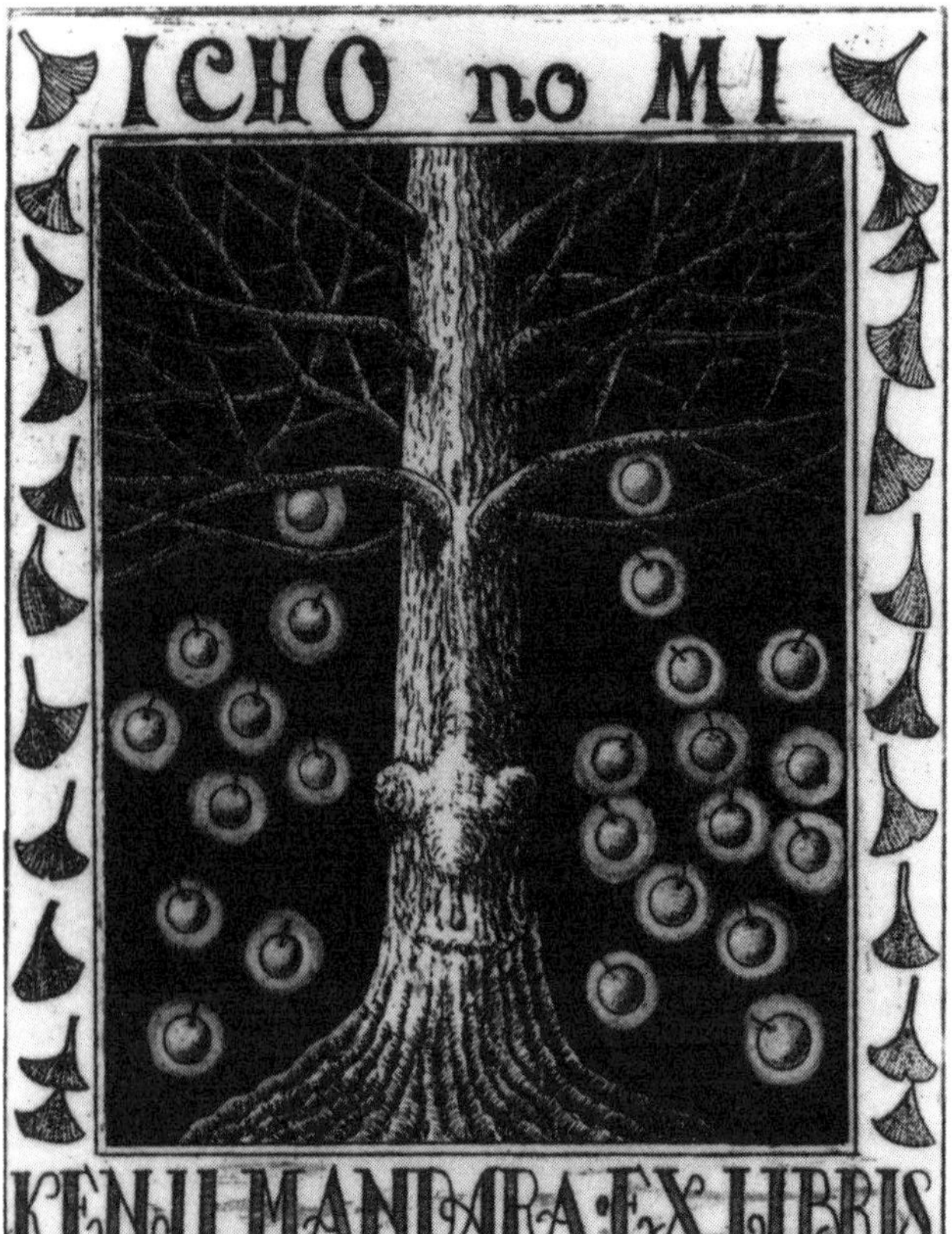

加藤昌男『賢治曼陀羅蔵書票』より
「いてふの実」
『賢治曼陀羅蔵書票』12巻は、「蔵書票という形式を借りて、その小さな画面（ミクロコスモス）の中に刻み込んでゆくことによって、曼陀羅図（マクロコスモス）が出来上がればと願っています」（加藤昌男氏）。

銀杏が落ちるころですから、秋も終りに近く、明け方は寒くなっています。それにしてもその冷たさを、「カチカチの灼きをかけた鋼」と表現する人は賢治をおいていないのではないでしょうか。賢治は子どものころから鉱石が大好きで、元素番号などもよく覚えていました。そんな親しみが、朝の冷えきった空を鋼で表現することになったのでしょう。自然を実態でとらえていますし、その後は一転、やわらかな植物である桔梗の花びらになります。この対比によって、いかにも朝が少し明けて空気のカチカチもやわらいでいく様子が、肌に伝わる感じです。

今日は「いてふの実」、つまり子どもたちの旅立ちの日です。みんな期待と心配とでドキドキしています。お母さんである「いてふの木」は、子どもたちがいなくなるのを悲しんで扇形の黄金の髪の毛、つまり葉をみんな落としました。別れは悲しいものです。

子どもたちは、遠足前のように高ぶったり心配したりして、水筒やマントを確かめあっています。そこに、「突然光の束が黄金《きん》の矢のやうに一度に飛んで来ました。子供らはまるで飛びあがる位輝やきました」。そして、「さよなら、おっかさん」と言いながらパッと枝から飛び降ります。お母さんの木は、まるで死んだようになってじっと立っています。一生懸命に生《な》らせた実が落ちるときの気持ち、よくわかります。

でも最後に、「お日様は燃える宝石のやうに東の空にかかり、あらんかぎりのかゞやきを悲しむ母親の木と旅に出た子供らとに投げておやりなさいました」となります。これは別れであるけれども、次の世代を生みだすための生きものの大事な性質で、喜びであり輝きなのです。人間の親子も同じでしょう。近年の研究で、植物は動かないけれど、いえ、動かないからこそ子孫の残し方がとても巧みでしたたかであり、生態系を支える大きな存在であることが次々と明らかにされてきています。

賢治が語る小さな物語が科学での理解と重なり、私の中からさまざまな物語を引きだしてくれます。美しく、透明感のある言葉によってイメージがわいてきます。その描写には、ちょっと他の人は使わない、自然になりきった趣きがあり、生命誌とつながります。生きものにとっていちばん大事なことは何かと問われたら、「続いていくこと」と答えます。そして生きものは、自分自身が続くのではなく、次の世代にいのちを渡すことで続いていくという方法を選んだのです。

科学では、「一一月にイチョウの実がなって落ちた。次世代への継続だ」で終わるのですが、この作品では、「突然光の束が黄金の矢のように一度に飛んで」くるという言葉で、いのちをつなぐことがどれほど大切であるかを表現しています。生きものを見ているとき、ある瞬間を美しいととらえる感覚が私たちにもあることを思い出させてくれます。

実は光の後に、「北から氷のやうに冷たい透きとほった風がゴーッと吹いて来ました」という文章があります。子どもたちの間でも、「北風が空へ連れてって呉《く》れるだらうね」「僕は北風ぢゃないと思ふんだよ。北風は親切ぢゃないんだよ。僕はきっと烏《からす》さんだらうと思ふね」という会話が交わされます。

賢治作品にはしばしば、そしてさまざまな〝風〟が出てくることを、哲学者の山折哲雄先生が指摘しておられます（『ＮＨＫテレビテキスト　こだわり人物伝　遠藤周作～祈りとユーモアの作家／宮沢賢治～未来圏の旅人』日本放送出版協会、二〇一〇年）。とくに詩集『春と修羅』では毎ページに〝風〟が出てきて、〝それはときに形而上学的であったり、自分自身の存在の全体を不安に落としいれるようであったりする〟という先生の指摘に、賢治にとって〝風〟がもつ意味の大きさを感じます。

物語の中でも、必ずと言ってよいほど〝風〟が出てきます。〝風〟そのものが主人公ともいえる『風の又三郎』を始めとして、『注文の多い料理店』や『銀河鉄道の夜』などの有名な話の中でも、〝風〟は大事な役割を果たしています。これから扱う物語の中でも、〝風〟には注目していきたいと思っています。

山折先生は、「そういう感覚がわかるかわからないかが、じつは宮沢賢治を理解することができるかできないかの分かれ目になるのではないかと、わたくしは思っているのです」と言われます。そのとおりですし、生命誌とのかかわりを見ていくうえでも〝風〟は大切です。

日本で発見されたイチョウの精子

ここで生命誌の視点から、イチョウについてのエピソードを書きます。

「いてふの実」たちは、ある日いっせいに飛びたっていきますが、実はイチョウは一本の木での受精が、いっせいに起こることが知られています。ですから実が飛びたつのもいっせいになるわけで、賢治はそれを知っていたのでしょう。

イチョウの精子を世界で初めて観察したのは、正式な大学教育を受けていなかった平瀬作五郎（一八五六〜一九二五）という日本人でした。明治時代です。彼は東京帝国大学の小石川植物園に画工として採用されました。当時はまだ写真技術が十分ではありませんでしたから、植物や顕微鏡観察の結果を手で描くことは研究上大事な作業だったのです。私が学生だったころも、観察結果は手で描いていました（次頁の写真を参照）。

一瞬できれいな写真が撮れる今に比べたら、とても時間がかかり無駄に思えますが、実はこの作業の間に小さな疑問が生まれたり、なるほどと思うことがあるのです。手作業は手と脳の連動によって考えることを誘いだします。今は機械化が進んで効率はあがりましたが、それは考える時間を切ってしまうという問題を抱えています。

イチョウの精子に話を戻します。「はじめに」に書きましたように、生命誌はいつも三八億年の歴史の中で生きものを見ていきますので、ここでもそうします。生きものはおそらく海の中で生まれ、長い間海で暮らしていました。およそ五億年ほど前のことです。カンブリア紀の大爆発でさまざまな海の生きものたちが増え、浅瀬は大混雑になり、小さな生きものたちが川へ入りこみました。当時の陸は岩や砂だけの荒れ地でしたが、上陸を始める生きものが出てきたのです。最初が植物でした。

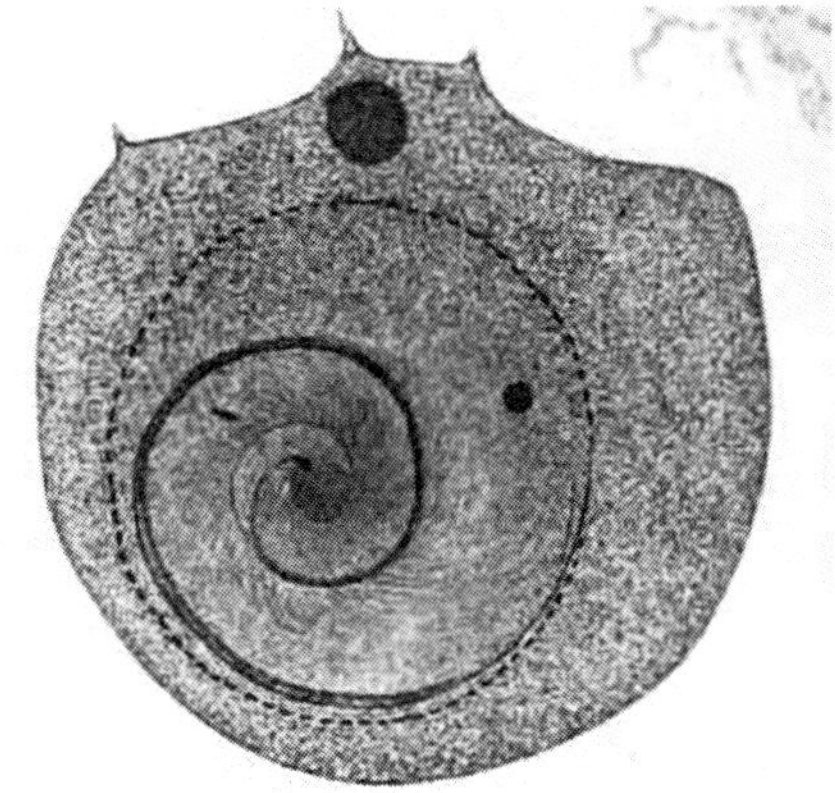

平瀬作五郎のスケッチ
ほぼ成熟したイチョウの精子

『帝国大学理科紀要』1898（明治31）年所収「Études sur la Fecondation et l'embryogenie du Ginkgo biloba (Second memoire.)（イチョウの受精と胚発育の研究 第２報）」より

現存の水中植物では、淡水性のシャ

ジク藻（写真を参照）が陸上植物に近いことがわかり、この仲間が上陸を始めたのだろうと考えられます。すでに陸にいたバクテリアや菌類と共生しながらコケが生まれ、シダが生まれ、その後種子植物が生まれます。種子植物には裸子植物と被子植物があり、今、私たちの身近で美しい花を咲かせている植物の多くは最後に出現した被子植物です。

シャジク藻

イチョウは裸子植物で三億年ほど前に生まれ、世界中に広がったのですが、なぜか絶滅の道を歩き、日本でも百万年前に消えてしまいました。世界で残ったのは中国だけ。今、私たちが目にするイチョウはすべて中国からもちこんだものなのです。

こうした歴史の中で、イチョウの精子は日本で発見されました。上陸した植物にとって重要なのは、水中で暮らしていたときは考えなくともよかった水の問題です。もちろん受精にも水が必要です。イチョウの場合、四月の末ごろ、雄株から飛び散った花粉が雌株の胚珠の頂点にある小さな孔から中に入り花粉室で成熟します。九月初めには花粉から花粉管が伸び、その中で精子が二つつくられます。そのころ、卵細胞が入っている造卵器と花粉管との間が液で満たされ、精子はそこを泳いで造卵器に入り受精します。

被子植物のように花粉管から直接送りこまれるのでなく、水の中を泳いでいくのが特徴で、この場所が「種子の中の海」とよばれるのも、なるほどと思います。水がなければ次の世代が生まれないという事実は、生きものは水の中で生まれた歴史を抱えこんで生きていくということを示しているのでしょう。その様子をはっきりと見せたイチョウの精子の研究は、「生きものの物語」の一コマとして興味深いものです。

「イチョウの受精は一本の木ではいっせいに起こり、とても短い期間なので受精の観察には苦労があった」と、平瀬作五郎は言っています。苦労の末に、種子の海の中を泳ぐ精子のスケッチに成功したのです。このような研究を知ったうえで、光と風の中をいっせいに飛びたっていく「子どもたち」の会話を読むと、改めて続いていく生きものの姿がいきいきと浮かびあがってきます。

2 『土神ときつね』――現代社会のひずみを映す

賢治の童話は始まりがいいと書きましたが、『土神ときつね』はその中でもとくに好きなものの一つです。

一本木の野原の、北のはづれに、少し小高く盛りあがった所がありました。いのころぐさがいっぱいに生え、そのまん中には一本の奇麗《きれい》な女の樺《かば》の木がありました。
それはそんなに大きくはありませんでしたが幹《みき》はてかてか黒く光り、枝は美しく伸びて、五月には白い花を雲のやうにつけ、秋は黄金や紅やいろいろの葉を降らせました。

季節によって変化していく風景がおのずと頭の中に描きだされ、これから何かが起こりそうだという期待がふくらみます。賢治の中に豊富な情景があるので、何気ない文章が読者をその世界によびこむのでしょう。読むというより、言葉をもらうという感じです。
これは白樺の木に、その友だちである土神と狐《きつね》が絡む三角関係の恋物語で、むさ苦しい土神と気取った狐の、白樺をめぐる闘いです。ここから賢治という人物像に入っていこうとするなら、テーマはまさにこの三角関係そのまま、つまり異性への愛のありようにあると思われますが、ここでも、生命誌を読むというところに徹することにします。すると西洋への憧れを抱きながら、日本の東北地方という地で郡立稗貫《ひえぬき》農学校（賢治の在職中に県立花巻農学校に改称）の先生として、地元の若者に接していた賢治の中にある悩みが見えてきます。そしてそれは今、私が抱く悩みと重なるのです。

樺の木はどちらかと云《い》へば狐の方がすきでした。なぜなら土神の方は神といふ名こそついてはゐましたがごく乱暴で髪もぼろぼろの木綿糸の束のやう眼も赤くきものだってまるでわかめに似、いつもはだしで爪《つめ》も黒く長いのでした。ところが狐の方は大へんに上品な風《ふう》で滅多《めった》に人を怒らせたり気にさはるやうなことをしなかったのです。

まず、「樺の木はどちらかと云へば狐の方がすきでした」とあります。土神はその名のとおり土地に根ざしている神様なのですが、すごく乱暴で身なりも汚らしいのです。一方、狐は西洋の文化や学問に通じていて、上品で「気にさはる」ようなことはしません。

夏の晩には、狐は樺の木に星の話をします。〝火星は惑星だ〟と言い、「惑星といふのはですね、自分で光らないやつです。（…）恒星の方は自分で光るやつなんです。お日さまなんかは勿論《もちろん》恒星ですね」と知識をひけらかした後でこんなことまで言います。「僕実は望遠鏡を独乙《ドイツ》のツァイスに注文してあるんです。来年の春までには来ますから来たらすぐ見せてあげませう」。なんとすばらしい、樺の木はそう思ったことでしょう。でもこの後にこんな文章が続きます。

あゝ僕はたった一人のお友達にまたつい偽《うそ》を云ってしまった。あゝ僕はほんたうにだめなやつだ。けれども決して悪い気で云ったんぢゃない。よろこばせようと思って云ったんだ。あとですっかり本当のことを云ってしまはう。

でも本気で期待をして喜んでいる樺の木に、狐はハイネの詩集を渡して立ち去ります。本当のことなど言えそうもありません。

樺の木はその時吹いて来た南風にざわざわ葉を鳴らしながら狐の置いて行った詩集をとりあげて天の川やそらいちめんの星から来る微《かす》かなあかりにすかして頁《ページ》を繰りました。

ここでも風が吹きます。「いてふの実」を飛ばしたのは北風でしたが、ここで吹くのは南風です。ハイネの詩集の上をゆっくり吹き抜けていき、樺の木は美しい歌を一晩中楽しみます。明治時代から次々と日本に入ってきた新しい医学とその周辺の科学技術は、主としてドイツからのものでした。新しいもの、進んだものへの賢治の憧れが狐の中にこめられています。

夜が明けると、「その東北の方から熔《と》けた銅の汁をからだ中に被《かぶ》ったやうに朝日をいっぱいに浴びて土神がゆっくりゆっくりやって来ました」。同じ朝日でも「いてふの実」が受けた「黄金の光の束」ではなく、「熔けた銅の汁」です。賢治は子どものころから石集めに熱心で、「石っ子賢さん」とよばれていたほどですから、たとえにも鉱物がよく出てきます。「黄金の光」はだれもが使う表現ですが、「熔けた銅の汁」はあまり見たことのない形容です。自然界での銅は赤橙色《せきとうしょく》、空気にさらされると赤味が強くなります。土神の姿を銅の汁で表わすと、朝日に輝く様子と泥くささとの両方が見えてきて、他の言葉では得られない現実味があります。こんなところにも、自然をよく見ている賢治ならではのおもしろさがあります。

やってきた土神は、狐を意識して分別くさいところを見せようとしたのでしょう。樺の木に問いかけます。「たとへばだね、草といふものは黒い土から出るのだがなぜかう青いもんだらう。

黄や白の花さへ咲くんだ。どうもわからんねえ」。そこで、「それは草の種子が青や白をもってゐるためではないでございませうか」と樺の木は答えます。

このなにげない会話にも賢治らしさがあります。土から生まれた植物たちが緑色に育ち、黄や白の花まで咲かせるのはなぜか。確かにふしぎです。でも生命誌の基礎にある生きものの科学では、これこそゲノム（一つの細胞の中にあるＤＮＡの総称）のはたらきとわかっているのです。土に埋れた種子から生えてきた植物の細胞には、緑色の葉緑体があります。それが光合成の能力をもっているので日光のエネルギー、空中の二酸化炭素、土中から吸いあげた水から自分で養分がつくれます。

動物のように食事をしなくても成長していくのは、まさに緑色の力によるのです。そしてそれぞれの植物、タンポポならタンポポ、スミレならスミレがそれぞれに特有のゲノムをもち、そのはたらきでその植物の姿に育ち、花を咲かせます。種子は私たち人間でいうなら受精卵であり、まさにその中に地上にできる植物の性質を決めるゲノム（ＤＮＡ）が存在しているわけで、樺の木の答えはそのとおりです。

土に根づいて生きる

子どものころから科学に興味があり、やがて盛岡高等農林学校で学び、後に県立花巻農学校で生徒に教えた賢治は、植物にも深い関心がありました。「羅須地人協会《らすちじんきょうかい》」を設立して地域の農業の振興を考えていたことからもわかるように、植物への関心は農業への思いにつながっています。童話でも、後に紹介する『植物医師』にあるように、新しい農業への期待と、しかしそこではなかなか科学が生かされない悩みとが賢治の中にあることが示されます。

土神は、西洋かぶれの狐に対してなんとも泥くさく描かれはしますが、そこには、土に根づいた生活を送る農民の姿が反映されているのではないでしょうか。「わしはね、どうも考へて見るとわからんことが沢山ある、なかなかわからんことが多いもんだね」という、土神の言葉で始まるここでの樺の木との会話には、土に根づいて生きることのむずかしさと、その中で一つひとつ考えていくことの大切さを思う賢治の気持ちがこめられているのがよくわかります。

農民の問題を含む農業そのものについては、『植物医師』で考えることとして、ここでは農民が「明るく生き生きと生活する道」を見つけようとする賢治の気持ちを見ていきます。これまでの農村の生活には、忙しい仕事を支える心のよりどころとして、宗教と芸術があったと賢治は考えます。さまざまな年中行事、村祭などが村の生活をいきいきさせる役割を果たしてきたことは、だれもが認めるところです。

ところで近代化により、科学の進歩が土着の宗教をすたれさせましたし、芸術は専門家のものになって、それを楽しむには経済力が必要になるという変化が起きて、庶民からは少しずつ遠いものになっていったのです。科学が大好きな賢治ですが、科学をもとに始まった近代化が従来の生活に変化をもたらし、しかもそれが必ずしも皆の幸せにつながっているとは言えないことへの疑問を無視することはできず、悩んでいたところが見えます。

実は私が「生命誌」を始めたのも、同じような疑問からなのです。科学が明らかにする自然の姿にはとても興味があり、意味を認めるけれど、科学による進歩だけを求め、そこから生みだした技術による近代化は本当にいきいきした生活への道だろうかという問いです。それでは科学を否定するのかと言われれば、そうではありません。そこで科学を生かしながら、なお土着の世界も大事にする新しい道を求めたいという気持ちが強くなり、「科学から誌へ」という道を選びました。

先ほど引用した部分で、〝狐は上品でめったに人を怒らせたり気にさわるようなことをしない〟とありました。けれども続けて、「たゞもしよくよくこの二人をくらべて見たら土神の方は正直で狐は少し不正直だったかも知れません」とあります。ここです。「狐は少し不正直」

なのです。この「少し不正直」という表現は、今、私が科学一辺倒の近代化、進歩主義に対して抱いている気持ちと重なります。

近代化によって新しいものが次々につくられ、生活が小ざっぱりしてきたことは確かだけれど、どこかにこれでよいのだろうかという問いを抱えています。一方で泥くさいところにも目を向けなければいけないと悩むのです。狐がときどきこれではいけないと反省しているのは、私が今抱いている悩みと同じものを賢治ももっていたということではないでしょうか。

この物語の結末は、私には少し意外で考えさせられます。ある日土神は、しばらく会いに行かなかった樺の木がもしかすると自分を待っているかもしれないと考え、近くまで足を運びます。すると、樺の木が狐と話しあっている声が聞こえます。

「あなたのお書斎、まあどんなに立派でせうね。」

「いゝえ、まるでちらばってますよ、それに研究室兼用ですからね、あっちの隅には顕微鏡こっちにはロンドンタイムス、大理石のシィザアがころがったりまるっきりごったです。」

研究室、顕微鏡、ロンドンタイムス、シィザア……どれも土神の手の届かないものばかりです。これを聞いて自分の泥くささを自覚した土神が、居《い》ても立ってもいられなくなったのは当然です。狐を一裂《ひとさ》きにしたい、でもそんなことをすれば自分が劣ったものになる。

土神は泣いて泣いて疲れてあけ方ぼんやり自分の祠《ほこら》に戻りました。

そして秋になります。土神の気持ちも少しおちつき、その気持ちを伝えようと改めて樺の木のところへ行きます。

「わしはな、今日は大へんに気ぶんがいゝんだ。今年の夏から実にいろいろつらい目にあったのだがやっと今朝からにはかに心持ちが軽くなった」。樺の木は返事をしようとしましたが、なぜかそれが「非常に重苦しいことのやうに思はれて」、返事をしかねているところへ狐がやってきます。

そこで土神が、「わしは土神だ。いい天気だ。な」と話しかけますが、狐は挨拶もなしに樺の木に本を渡して戻りはじめました。そのとき土神は、ふと「狐の赤革の靴のキラッと草に光る」のにびっくりして頭がぐらっとし、追いかけ、狐が穴に入りこもうとするところをつかま

1989 年 11 月創立　1990 年 4 月創刊

一九九五年二月二七日第三種郵便物認可　二〇二一年七月一五日発行（毎月一回一五日発行）

月刊
機
2021
7
No. 352

発行所　株式会社 藤原書店©
〒一六二-〇〇四一　東京都新宿区早稲田鶴巻町五二三
電話　〇三・五二七二・〇三〇一（代）
FAX　〇三・五二七二・〇四五〇
◎本冊子表示の価格は消費税込みの価格です。

編集兼発行人
藤原良雄
頒価 100 円

「在日を生きる」詩人、金時鐘氏と鉛筆画の世界を切り拓いた木下晋氏との対話

生とは何か

詩人　**金時鐘**
画家　**木下晋**

金時鐘（1929-）　木下晋（1947-）

今号は、『金時鐘コレクション』全十二巻が刊行中の詩人・金時鐘《キムシジョン》さん、初の自伝『いのちを刻む』を出版された鉛筆画の第一人者、木下晋《すすむ》さんの対話を収録する。金時鐘さんは来日後、「在日を生きる」とは何かを考え続け、『長篇詩集新潟』『猪飼野詩集』『光州詩片』などを出版して来られた。木下晋さんはハンセン病元患者の桜井哲夫や最後の瞽女《ごぜ》小林ハルを、二十二段階の鉛筆を使って作品化し、「生きるとは何か」の根源を鉛筆で表現し続けてきた。

編集部

● 七月号 目次 ●

決定的な出会い

木下　僕は、申し訳ないですけれども、金時鐘先生のことを全然知らなかったんです。藤原書店の三十周年のパーティで、先生からのメッセージ（「……感銘がそのまま石刻《せきこく》されているような本。学歴社会には目もくれず、ひたすら鉛筆画に生涯をかけて鬼気迫るほどの写実作品を妻を看取りながら描きだしている、木下晋自伝『いのちを刻む』……」）が読み上げられたときに、僕の名前が出てきたので、えっ、と思って。友人に聞いて、「何でもいいから、君の一番感じたものを、断片的でいいから送ってくれ」と言って、本当に先生の作品の一部でしかないんだけど、送ってもらったんですよ。それを読んで、ものすごく感じたものだから、藤原社長にぜひ会わせてくれとお願いしました。

金　本当にありがたい。こんなところまで、わざわざ。木下先生の、よく知られている何点かの作品のはがきを持っている友人らが、周りに割と居るんですよ。家内も展覧会に行って、その感動のほどは聞いていたし。

自伝を読んだら、木下先生も大学も出んと大学の先生をやっとると。僕も小学校も出た証明がない、日本では学歴証明が何もないんですよ。大学も行かんと大学の講座を持ったと言うて、冷やかされたりしたんですけど。

木下　（笑）僕はいつも、相手のことを情報的に知っても、あまり意味がないと思っている。僕も作家の端くれであるわけだから、自分の内側から出てきたもの、その部分でまず触れたいと思った。

金　二〇年以上前、信濃デッサン館で、木下先生の「ニューヨークの路上生活者」を見たのが初めてやった。大阪文学学校で教えていた時、年に一回は、新しい学生らを連れて行くんですよ。無言館だけは見せようと思って。あれほど読書してる、物書きを志望している人たちでも、学徒動員のこと自体を知らないんだよね。学徒出兵の遺作を見たら、本当に凍りつくみたいに考え込む。

木下先生の『いのちを刻む』を読んだですけど、人には決定的な出会いがあるんだな。というのは、荒川修作が、先生の悲嘆も悲嘆、苦嘆も苦嘆の家庭の実情を聞いて、「作家として非常に恵まれているな」と言われた。あれは、やっぱり神のお告げだな。僕にとっては、小野十三郎の『詩論』という本が、そういう摂理であったような気がするわ。木下先生も、荒川のあの一言がなければ、もう。

木下 だめになっていたでしょうね。

金 耐えておれんわな。特別だもんね、木下先生のご経験というのは。

「抒情は批評だ」

金 本にも書かれていた長谷川龍生とは、私は同い年ですけどね、大阪万博のときまでは彼は大阪におって、しょっちゅう会っていました。とにかく言うことむちゃくちゃで、彼は詩より話の方がずっとドラマティックで面白い（笑）。また博識ですからね。古代ローマから日本の鎌倉時代に至るまで。

長谷川龍生は「自分の師匠は小野十三郎一人だ」と、小野十三郎の一の弟子をもって任じているんですよね。僕は日本に来たての折、小野先生の『詩論』を古本屋で手に入れて、生き方が変わった。考え方、天地がひっくり返っちゃった。長谷川龍生が直系の長男なら、俺は傍系の長男だなと思っとった。

木下晋《凝視する男》1994 年　190.0 × 100.0 cm
鉛筆・ケント紙　信濃デッサン館蔵
モデルはニューヨークのホームレス

小野十三郎の『詩論』には、「抒情は批評だ」とある。つまり人間の古い、新しいは、抒情ではかる、抒情が証明するというんだな。知

金時鐘 氏

識人は何ぼでもおるけど、何ぼ博識ぶっておっても、古いのは古いんだと。家に帰って、夫中心のことを嫁さんに強いたりする人たちは、何ぼ知識人であってもな。

　抒情というと情感と一緒に思われるけど、人の感覚、好き嫌いの触感にまで影響を及ぼしているのが抒情。その七五調のリズム感に出会ったら、みな無防備になって共感してしまうんだ。吟味することを度外視して、それがさも社会の通念のようにやすやすと共感を共有し、和合する。それが日本の短歌俳句である。短歌的思考感覚が、ひいては自然観まで差配しているのよ。抒情は批評だと喝破した小野詩論はわかりにくい論理ではあるけど、でも具体的に考えると、いっぱい得心のいくことですよ。批評を起こさせないのが、日本の短歌、日本の抒情だと。つまり、七五調の音調がとれておったら、もう既に生理感覚がそこにぞっこん埋没してしまうわけよね。

歌を歌いながら侵略した

金　小野先生は『詩論』の中で、「歌なくして復古調は始まらない」と。今盛んに、「昭和は輝いていた」というようなテレビ番組が続いていますけれども、「勝ってくるぞと勇ましく」の「露営の歌」の作曲家の古関裕而を称賛したりするんですよね。古関は戦後途端に「長崎の鐘」などを書いているが、それまでどれだけ軍歌を作りだしていたのか。つまりそれが情感をほだす抒情なんですよ。人間の音感性、響き性というのは、一遍身についたら生涯揺るがない。だから歌なくして復古調は始まらない。小野は七〇数年も前にそう言い切っているんですよ。だから右翼は街宣車を走らせると軍歌をかき鳴らすんだな。みんな眉をひそめながらも、生理はちゃんと共感し合っているんですよ。

木下　ああ、そうか。

金　抒情こそ批評だと。僕の周りでも、口を開けばマルクス、エンゲルス、演説もすごいやつらがいっぱいおりましたけど、家に帰ったら李王朝残影そのままやね。ふんぞり返って、怒鳴りつけたりな。そういう人に限って、これまた演歌が好きでもある。

しっかりと身について心情をほだすものを温存させるのが、抒情でもあるのですよ。今、本当に思い返されるのよ。**歌なくして復古調は始まらない。そのような歌がいま跋扈してきている。**

　日本の童謡とか小学唱歌に見るような歌は、世界に類例がないぐらい豊富ですし、いい歌ですよね。いまでもよく唄われる童謡や抒情歌と言われるものが一番はやり出したのは、大正末期から昭和初期にかけてですよ。西條八十とか、詩人たちが歌詞を書いて。日本の十五年戦争が始まるのは一九三一年、昭和六年。満洲へ、満洲へ、王道楽土だと関心を向けさせ、満洲に移民が始まる。日本で童謡、小学唱歌が一番たくさんつくられた時期ですよ。

木下 晋 氏

　満洲歌謡という一連の歌があるんですよ。北原白秋の「ペチカ」という歌、よう歌われるでしょう。でも考えたら、ペチカは日本にないものだもの。

木下　なるほど、そうですね。

金　つまりあれは、満洲に対して親近感を持たすことにものすごい威力を発揮したのよ。天皇陛下の召集令状で兵隊に行った日本の兵隊さんは、戦争の合間には故郷を思い、妻を思い、子供を思ってそういう歌を歌ったはずなんよ。こんな歌を歌いながら、想像を絶するような残虐なことをやって、残虐をこうむった人に対する思いはこれっぽっちも働かない。歌というのはそういうものでもあるんです。

　つまり批評を生ましめないのよ、抒情は。今テレビ番組で戦時歌謡の歌がどれだけはやっていますか。これは前兆、兆しですよ。必ず、もう一遍ぐるっと曲がってきますね。僕は、日本の名の知れた歌で知らんものはほとんどないですよ。克明に歌詞も覚えてますしね。そんな歌を歌いながら中国侵略してね、縁もゆかりもないところまで行って。

　だから**僕は七五調にならないように、流麗な日本語に背を向けている。イントネーションも朝鮮人まるだしの日本語である。それでも僕は日本の敗戦で何から解放されたんだろうと、いまもって自分に問いつづけている。日本語から解放されない限り、解放はないわけだから。言葉は意識ですからね。**

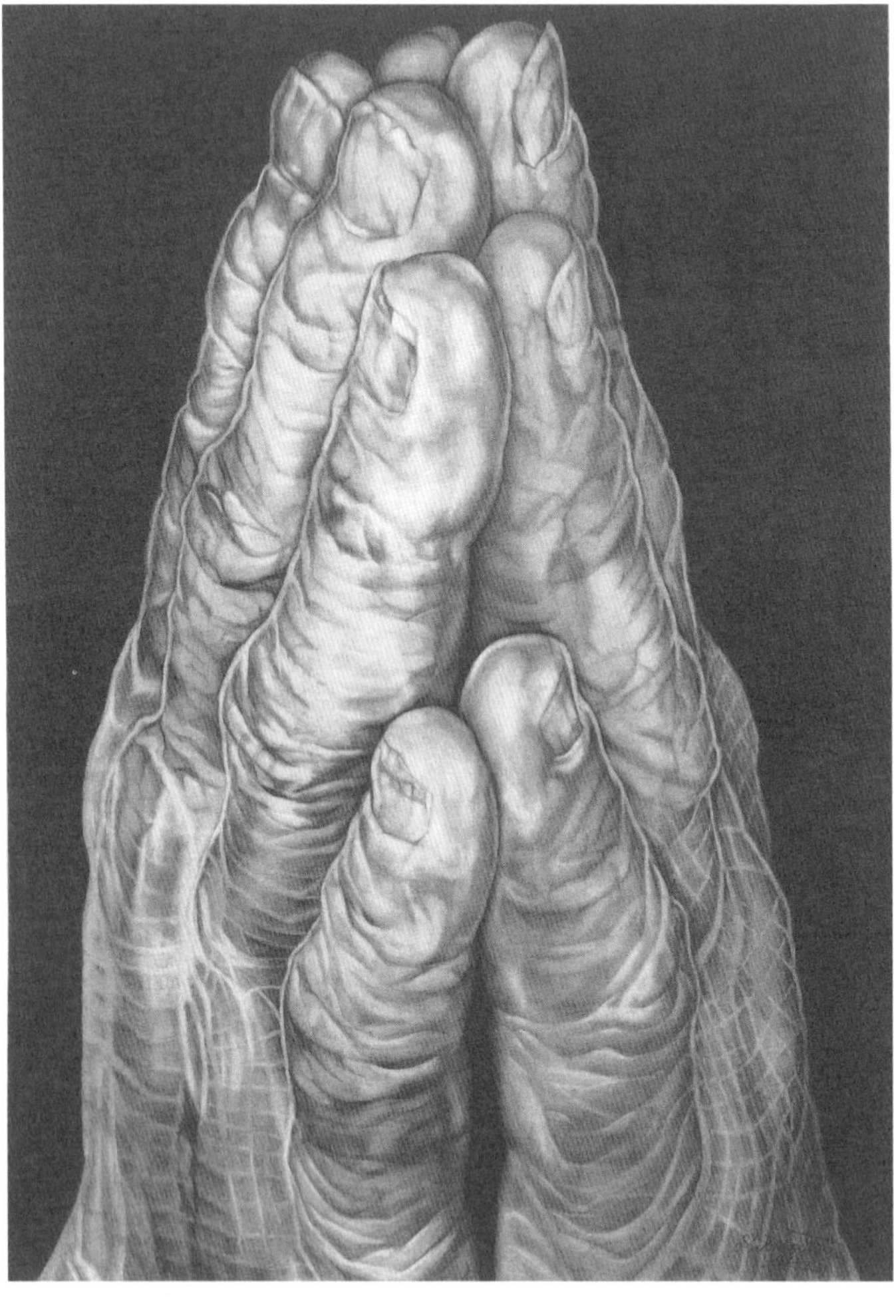

木下晋《鎮魂の祈り》2011 年　103.0 × 73.0 ㎝

言葉というのは、暗がりの中の一点の明かりみたいなもので、その言葉の及ぶ範囲が光りうちなのです。僕の認識をつくり上げたのは日本語だったんだ。日本が戦争に負けるまで日本語で勉強したからね。家の中でも日本語ですよ。学校でそう教わるんだもん、天皇陛下の赤子《せきし》になるためには、日本語をしゃべらないといかんと。

うちのお母さんは、ハングルは読み書きできましたけど、日本語はほとんど知れへんのよな。でも僕は「水」とか「ごはん」とか言うから、ほんと、どうしようもなかった。

差別の構造

木下　僕は三年前に、中国から出すパンダの絵本の取材で、四川省に行ったんですよ。四川省から毛沢東の行軍が始まっているんですが、抗日戦線の博物館があるんですよ。そこに連れていかれて、「とにかく日本語をしゃべらんでください」「日本人であることがわかると、責任持てませんから」と言われて、入ったんです。そこで日本軍の南京の大虐殺と言われる光景の写真を見たときに、僕は小さいときのことを思い出した。

僕は、僕自身の体験で、本当は日本人である自分をものすごく憎んでいるんです。それは先生の体験と同じにするわけじゃないですけど、僕はああいう貧しい生活だったですから、同じ日本人からも差別を受けたりしたわけです。

あるとき、トタン屋根の家で同じように育った在日朝鮮人の親友がいて。

金　夏、暑いわな。

木下　彼が「木下、やっと瓦屋根のアパートに住めるようになったんだ」と。いいなと、見に行ったんですよ。同じ父子家庭だったんですけど……。そうしたら家財道具が外に全部投げ出してある。そこでおやじさんが土下座して何か許しを必死に乞うているわけですよ。アパート管理人のおばはんらが「おまえらみたいなのが来るところじゃない」と叫んでいる。僕とその友に、「おまえ達も一緒に土下座して謝ってくれ」と、おやじさんが。僕はそのとき地面に這いながら、この女だけは死んでも絶対に許せない！と思った。

自分は日本人なんだけど、どこかで日本人を憎んでいる。だから中国で抗日戦線の資料を見たときにも、幼き体験が蘇って、僕は当時中国人に対し、日本軍兵士の残虐行為は幾ら戦争中とは云え、とうてい許せるものではない！　同じ日本人の血が流れている自分に憎しみさえ

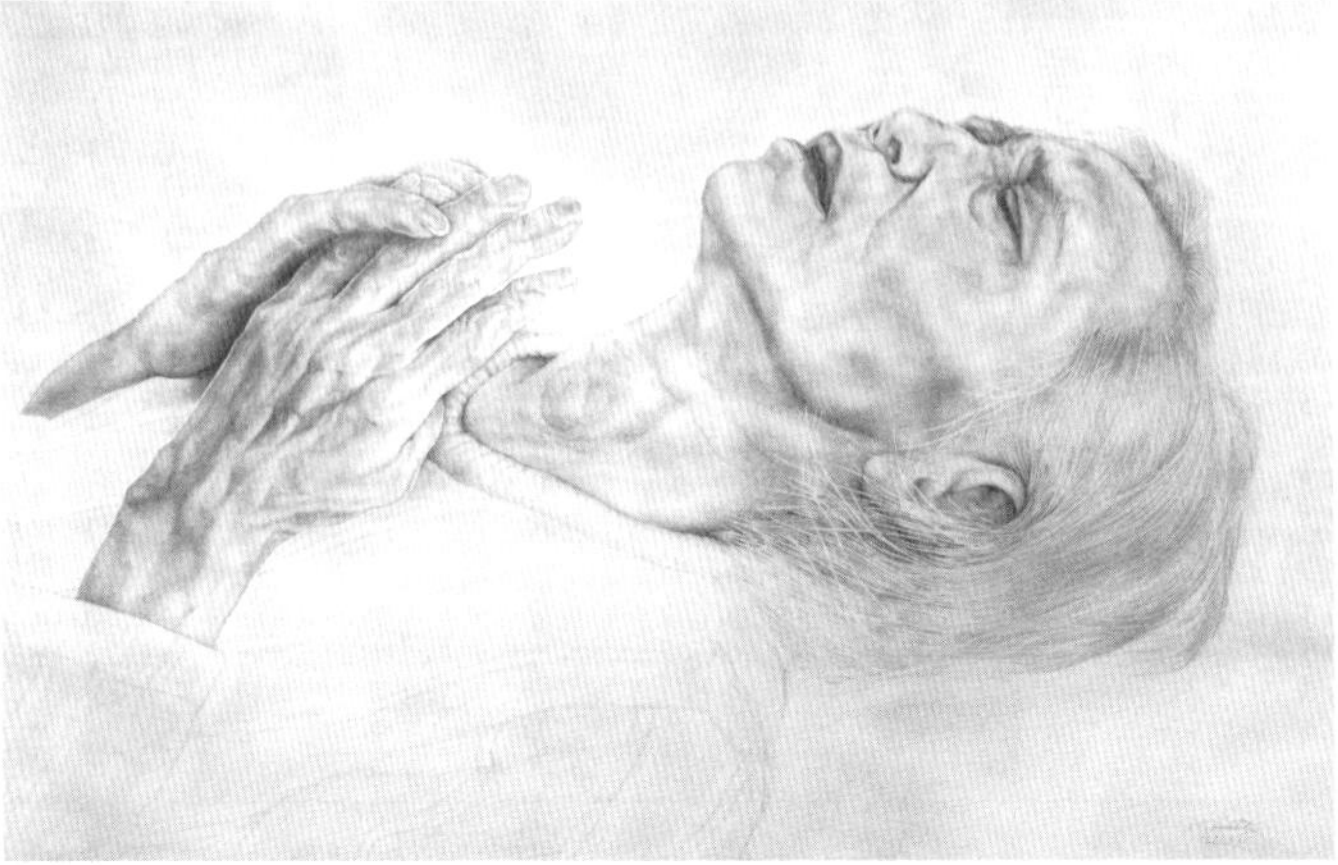

木下晋《願い》2019 年　133.0 × 204.0 cm　モデルは妻

感じました。

脱皮していく生

金　木下さんの絵は……乗り移っているな。描きたいものが自分に乗り移っているんだわ。そうじゃないと写実があんなに鬼気迫るものとはならない。らいの人の、肉の塊みたいなもの、見ておられん。自分の奥さんも、お母さんも。

　僕は絵画といえばすぐ絵の具を使う色調の絵を思い浮かべてしまうけど、初めて見た木下先生のあの路上生活者の絵で、迫真の鉛筆画を知った。色というのは余計な飾りみたいな気さえした。木下先生の作品は、ほんと見る者の眼底で色がちゃんとつきますよ。大変なことをなさった方で。

木下　そう言われちゃうと何かこう……。今女房は、パーキンソン病でだんだん末期に近くなってきているんですけど、壊れていく——今日できたことが明日できない、明日できたことが明後日できないということになってきている。

　小さいときに、蟬とか蛇の脱皮を見たんです。脱皮というのは、成長のためのものだとばかり思っていたんですよ。ところがそうじゃなくて、いや、そういう意味も含めてだけど、**脱皮というのは、生まれてから死ぬまでずっと間断なく続く、死に向かっての脱皮もあるんです。脱皮していく状態が、まさに生きているということだから。**

　だから今、僕は観察ですね。前は絵を描くことよりも、自分にできないことをやってきた人たちに対するリスペクトやオマージュ、それ以上に、何でそういうことができるんだという、自分にできないことをやってきた理由、それを知りたかった。絵を描くことなんて、僕は絵描きだから、身過ぎ世過ぎ的にやっているだけのことで、これは何であってもいい。だけど女房を描いていくと、「知りたい」ということから「知らざるを得ない」ということになってくるんです。

金　僕は振り返って身につまされますけど、木下先生、本当に絵を描いてよかったですね。僕は、本当に詩に取り付いてよかった。僕なんか、詩を除くと何もないもの。

　木下先生の鉛筆画は感傷など取り付く島もない。それでいて生きていることの悲しみがひたひたと迫ってくるんだ。そのどうしようもない、もだえるしかない悲しみの怒りが僕の心に食い込んでくる。自分の詩もそうありたいと神妙に思います。

　脱皮の話をなさったけど、僕は人生が終わるということは、極めて個人の問題であって、終わりというのは存在しない、いつも過程や。終わりは、いつも終わらないうちに終わってしまうのよ。終わったはずのものは、道程、ひとつの過程にすぎないんですよ。

木下　そうそう。

金　だから脱皮していって終わったと思っても、終わってないですよ。別に行く道程、道すがら、道中ですよ、終わるというのは。

（二〇二一年五月二十三日、於・奈良県生駒）

金時鐘（キム・シジョン）四八年、済州島四・三事件に関わり来日。五〇年頃から日本語で詩作。元大阪文学学校校長。

木下晋（きのした・すすむ）十七歳の時、自由美術協会展に最年少で入選。鉛筆による新しい表現手法の開拓者。

歴史家・岡田英弘が鋭く見抜いた、「漢字」の用法の特殊な事情とは。

漢字とは何か
——日本とモンゴルから見る——

宮脇淳子

なぜ本書を編んだか

岡田英弘は歴史学者である。その守備範囲は幅広く、漢籍を史料としたシナ史から現代中国論、シナを取り巻く朝鮮、満洲、モンゴル、チベットの歴史と文化、日本の学校教育における世界史の枠組みの見直し、大陸から見る古代日本など、学問分野は多岐にわたる。しかも、すべての分野において、これからも後進に影響を与え続けるだろう画期的な業績を残した。二〇一六年に完結した『岡田英弘著作集』（藤原書店）全八巻はその集大成である。

本書の編者である私は、京都大学文学部を卒業後、大阪大学大学院在籍中の一九七八年に二十代で弟子入りしてから、二〇一七年五月に岡田が満八十六歳で逝去するまで四十年近く、途中からは妻として生活をともにしながら、間近でその学問を学んだ。

二〇二〇年一月から藤原書店のPR誌『機《き》』に、岡田のシナ学に基づいた短いエッセイ「歴史から中国を観る」の連載を始めた私に、藤原良雄社長から呼び出しがかかった。**中国人にとっての漢字が、日本人にとっての漢字とはまったく異なるものであること、これこそが、日本の文化と中国の文化の決定的かつ根源的な違いであり、言葉がなければ概念はその言語社会に存在しない**、という岡田の理論を、私は説明した。藤原社長はその内容に感嘆し、岡田の漢字論がいまだほとんど世に理解されていないことを惜しんで、著作集からその部分だけを抜き出し、一書として世に問うことを決めた。それが本書である。

シナ（チャイナ）の誕生と漢字の役割

本書は、著作集ではいくつかの巻に分かれていた論説を、**シナにおける漢字の歴史、日本語の影響を受けた現代中国語と中国人、日本における仮名の誕生その**他について、三章に編集し直した。

本書を編むにあたって、著作集に収録済みの岡田の文章と私の解説だけでは、新しい本にするには物足りないと考え、京都大学文学部の私の同級生で、モンゴル語を一緒に学んだ言語学者、樋口康一・愛媛大学名誉教授に終章の執筆をお願いした。樋口氏は、**言語学者から見た漢字論や、ユーラシア大陸における文字の変遷**など、興味深い論を展開してくれたので、本書刊行の意義も高まった。岡田も喜んでいるに違いない。

岡田英弘（1931-2017）

　最初に、シナ（中国）における漢字の役割を理解するために、**岡田の中国文明論を概説**しようと思う。歴史上、「中国」という名前の国家は、一九一二年の中華民国まで存在しない。紀元前二二一年に天下を統一した始皇帝の「秦」が、「漢訳大蔵経」に記された音訳の漢字「支那」、そして英語の「China」の語源である。であるから、正確を期すなら、一九一二年以前は「中国」ではなく「シナ（チャイナ）」と呼びたいが、戦後の日本ではChinaを「中国」と翻訳してきたから、目くじらを立てても仕方がない。岡田自身の一般書も『中国文明の歴史』（講談社現代新書）という題名である。

　さて、**秦の始皇帝による文字の統一は、「口頭で話される言語」の統一ではなく、「漢字の書体」とその漢字に対する読み音を一つに決めたこと**だった。その結果、読み音は、漢字の意味を表す言葉ではなく、その字の名前というだけのものになった。このあと二千年以上、**シナ文明では、文字と言葉は乖離したままだったのである。**

　漢字にルビがふられるようになったのは、一九一八年、中華民国教育部が、注音字母《ちゅういんじぼ》という、カタカナをまねた表音文字を公布したのが始まりである。これが、口で話し耳で聴いてわかる言葉としての中国語の第一歩だった。

　それまで長い間、シナには共通の話し言葉はなかった。**読み音が地方によってばらばらである漢字を使いこなすためには、一つずつの漢字が持つ意味がわからなければならないが、それを説明する文字はない。だから、漢字を習得するためには、古典の文章をまるごと暗記し、文脈を思い出しながら使うしかない。**儒教の経典である「四書五経」が、国定教科書になったためにも、科挙を受験するようなひとにぎりの知識人は、これを丸暗記し、その語彙を使って文章を綴った。そのために漢字を使う人びとが儒教徒に見えたのであって、儒教が宗教として信仰されたわけではない。

「漢字」学習の困難と、利点

文字が漢字しかないということがシナ人（中国人）にとって何を意味したか、ふりがなのまったくない漢字を勉強するということがどういうことかは、日本人の想像を絶する。私の知っている限り、このような見方をした日本の東洋史学者は岡田以外にはいない。なぜこんなことがわかったのか、今もなお不思議に思う。

漢文は、日本人やヨーロッパ人が考えているような「言葉」ではなく、「中国語」の古典でもない。漢人にとって漢字を学ぶのは、外国語を使って暗号を解読するようなものなのである。

漢文は、漢人の論理の発達を阻害した。どういうことかというと、表意文字の特性として、情緒のニュアンスを表現する語彙が貧弱なために、漢人の感情生活を単調にした、ということである。

漢人にとって、自分が話すとおりに書くことは極端に困難であって、まず絶望的と言ってもよい。また、もし仮にこれができたとしても、その結果は、きわめて難解な、おそらく当人以外には読めないようなものになる。だから、日常の自然言語から遊離した語彙と文法を学んでこれをマスターしなければならない。

文字のほうが圧倒的に効果的な伝達手段であるため、言語が文字に圧迫され、侵蝕され、その結果、感情や思考の表現力が劣り、結局は精神的発達が遅れることになる。だから、古くから仮名文字を発達させ、おかげで国語による表現力にそれほど大きな個人差のない日本人と違って、漢人のあいだには一見、知能の極端な個人差が存在するらしく見える。これはじつは漢字の世界へのアクセスの差なのである。

それでは、漢字の使用方法を完全にマスターしたエリートである「読書人」にとって問題はないかというと、これがまたそうではない。彼らがなにごとかを文字によって表現しようとすれば、儒教の経典や古人の詩文の文体に沿った表現しかできないからである。

教育程度が高ければ高いほど、文字によるコミュニケーションの領域が拡大して、音声による生きたコミュニケーションの能力が低下する。漢字を基礎としたまったく人工的な文字言語が極端に発達したため、それに反比例して音声による自然言語は貧弱になってしまった。

しかし、見方を変えると、漢字のこの性質は、異なる言語を話す雑多な集団にまたがるコミュニケーション手段としては最適であって、全人類の四分の一にのぼる巨大な人口を、一つの文化、一つの国民として統合することは、漢字の存在なくしては不可能だった。

文字と言葉と感情

さて、岡田の漢字論・シナ文化論については、日本の知識人ほとんどが同意し、最近では海外の中国社会でも盛んに翻訳されているが、本章の〝日本語は漢語を下敷きにして人工的につくられた〟という岡田の論は、日本の保守系文化人には嫌う人が多い。漢字の影響を受ける前から、話し言葉としての日本語は厳然とあった、と思いたいからである。

しかし、岡田が引用している高島俊男氏の説明にあるように、漢字が日本に入ってきた当時の日本語は、「雨」「雪」「風」とか「暑い」「寒い」などの具体的なものを指す言葉はあっても、「天候」「気象」など、それらを概括する抽象的な言葉はなかった。

言葉がなければ、その言葉が指し示す概念はその言語社会には存在しない。人間の感情も、言葉によって規定されているのである。

話し言葉を文字に写すことで書き言葉がつくられるのではない。書き言葉を学ぶことで話し言葉がととのえられてゆくのである。一般に、人間は文字を通して学ばなければ、言葉を豊かにはできない。

（序章より抜粋／構成・編集部）

（みやわき・じゅんこ／東洋史学者）

親を亡くした子どもたちが綴った悲痛な作文の数々に刮目せよ！

何があっても、君たちを守る——遺児作文集

——「天国にいるおとうさま」から「がんばれ一本松」まで——

玉井義臣

なぜ「あしなが運動」なのか？

「玉井さんはどうしていまの仕事、〝遺児の救済〟運動（あしなが運動）を選ばれたのですか」と多くの人が聞かれます。私が交通評論家として毎日のようにTV、ラジオ、新聞、週刊誌に出ていた一九六五年から一〇年か二〇年を知る人は、その〝なぜ〟をご存じでした。あれから五五年も過ぎると、ほとんどの人は私の原点となる動機をご存じではないし、それどころか、時にはウサンクサイ男と思われることもあります。そこで、その点だけはご理解いただきたいと、遺児作文集ではありますが初めに書くことをお許しください。

二人の輪禍《りんか》

あしなが運動を語るに欠かせない岡嶋信治さんのお姉さんが、新潟長岡で酔っ払い運転のトラックにひき逃げされ亡くなってからちょうど六〇年がたちます。岡嶋さんは怒りと悲しみを『朝日新聞』の「声」欄に投書し一三〇人の人々から励ましの手紙を受け、彼はその一人ひとりに返事を書き文通する中で怒り、悲しみから癒《いや》されていきます。

その痛ましい事故の二年後の一九六三年一二月二三日、私の母は大阪・池田市の自宅前で暴走車に轢《ひ》かれ、一カ月余り、治療らしい治療も受けずボロ雑巾のようになって死んで逝《ゆ》きます。売れない経済評論家だった私が、家族で唯一〝時間持ち〟、つまり時間が自由になったので昼夜の看病を引き受けました。頭部外傷の知識が皆無《かいむ》の医師は、手をこまねいて、昏睡《こんすい》の母を危篤と私たち家族に告げるだけでした。私は緊張の連続で枕辺《まくらべ》にいました。

ある夜半、母は突然目を見開き、私に何かを訴えたげでした。私は思わず言いました。

「わかってるて、お母ちゃん、この敵《かたき》はきっと僕が討《う》たるから、今は眠ってて頂戴」

そして、その言葉を堅く心に誓いました。まもなく母の担当医は教育されたことも、経験したこともない頭部の手術を行い、母は一カ月静かに昏睡していたのに、一声動物のようにうなり声を上げ、七四歳の一生を終えました。その情景を今も忘れることができません。私が二七歳の厳冬の早暁でした。

一篇の作文が日本を動かす

ＴＶ、ラジオへの出演も増えました。中でも、当時最高視聴率だったＮＥＴ（現テレビ朝日）「桂小金治アフタヌーンショー」では、私は足掛け三年、毎週プロデューサー、ディレクター、出演コメンテーターと三足の草鞋《わらじ》をはきながら、とりあげるテーマを交通事故防止対策にまでも間口を広げていました。そのころ、冒頭の岡嶋信治さんから、交通遺児を励まし、奨学金で高校へ進学させるという母親たちの唯一の願いをかなえましょう、ぜひ一緒にやりましょうと口説かれ、その気迫に負けて、「やりましょう」と言うしかなかったのです。でも、岡嶋さんにはよく誘ってくれたと、すべての遺児救済が天職になった今では深く感謝しています。

▲玉井義臣氏（1935-）

「桂小金治アフタヌーンショー」では、大げさではなく私が「時代が変わった」と実感したことがありました。一九六八年四月一五日、お父さんを交通事故で喪った一〇歳の中島穣君が、ＴＶカメラの前で泣きながら作文「天国にいるおとうさま」を読みあげたときのことです。全文をご紹介しますから、まずお読みください。

天国にいるおとうさま

中島　穣（一〇歳　東京）

ぼくの大すきだった　おとうさま
ぼくとキャッチボールしたが
死んでしまった　おとうさま　もう一度あいたい　おとうさま
ぼくは
おとうさまのしゃしんを見ると
ときどきなく事もある
だけど
もう一度あいたい　おとうさま
おとうさまと呼びたい
けれど呼べない

どこにいるのおとうさま
もう一度ぼくをだいて　おとうさま
ぼくがいくまで　まってて
もう一度ぼくとあそんで　おとうさま
おとうさま　ぼくといっしょに勉強してよ
ぼくにおしえてよ
おとうさま　どうして三人おいて死んだの
　ぼくは
今までしゅっちょうしていると思っていた
おとうさままってて　ぼくが行くまで
おとうさま　おとうさま
もう一度「みのる」って呼んで
ぼくもおとうさまと呼ぶから
ぼく「はい」と返事するよ
ぼくは　かなしい
おとうさまがいないと

　このわずか三一三文字の作文を中島君が声を震わせながら読みあげたとき、ブラウン管の内外を問わず涙であふれました。一家の大黒柱を喪《うしな》って、進学の夢を断たれた交通遺児の子らに、日本全国から暖かな目が注がれました。大げさではなく、日本の政財官界、マスコミが遺児救済へ動いたのです。同時に、あしなが運動は、「あしながさん」というなによりも強い味方を得たのです。

　それから半世紀のあしなが運動は、災害遺児、病気遺児、自死遺児と対象を拡げて、今では世界各国のＡＳＨＩＮＡＧＡにまで大きく成長しています。

あしながさんの「無償の愛」

　あしなが運動を振り返ってみますと、多くのあしながさんに支えられてきたことを痛感します。きっかけは一九七五年ごろのオイルショックでした。奨学金が底をつき、広く世間に教育的里親として「あしながさん」を募集しました。反響は凄まじく、多くのあしながさんの「無償の愛」が遺児たちにそそがれたのです。

　あしながさんの存在は、あしなが運動そのものの変革でした。親を失い、ともすれば心を硬く閉ざしがちな交通遺児たちは、あしながさんからの励ましにより、受けたご恩をお返ししようと、交通遺児のみならず、災害遺児の進学を求めて立ちあがったのです。あしながさんの「無償の愛」なくして、今日のあしなが育英会は存在しなかったことでしょう。

　あしながさんこそは、遺児にとって「師」であるばかりか、この世の「善」

を象徴していることを、私はそれまで以上に強く感じていました。

途中、官僚たちからの乗っ取り、一部マスコミからの故なき誹謗《ひぼう》中傷などの騒ぎもありましたが、あしなが運動の火を消さずに続けてくることができたのは、このようなあしながさんのご支援と、集いや街頭募金などボランティア活動に睡眠時間を削ってでも動き回った若者たちの情熱のおかげです。みなさんのご協力が、交通遺児だけだった育英会を、私の願望通り、対象を災害遺児と病気遺児に拡げ、現在のあしなが育英会誕生へと導いたのです。

もうすこし詳しく説明しますと、神戸の大地震により一時に家族を失った五六九人もの震災遺児の一人が描いた絵「黒い虹」に象徴されるような深い心の傷を受けているのを見て、あしなが育英会は「心のケア」のため神戸レインボーハウス（虹の家）を建てました。神戸レインボーハウスには、天皇、皇后両陛下（現上皇、上皇后両陛下）が二〇〇一年四月二四日にご訪問され、遺児たちを励ましていただきました。

また、自殺が多発する不況の時、自死遺児の「心のケア」を始めることにより、すべての遺児の進学と癒しを受けもつことが可能になり、支援する遺児数は初期のころの交通遺児数の十倍に達しました。国の支援など期待できない中、あしなが運動拡大をあしながさんの「無償の愛」が支え、みずからが遺児であったボランティア学生たちは遺児兄弟姉妹の心の友となり、街頭募金で育英会を〝発展〟させました。これがあの騒ぎからの顛末《てんまつ》です。

天はあしながさん、ボランティア学生、私たち運動家を見捨てませんでした。あしなが運動が素敵なことを、神も認めて支援してくれました。ありがとうございました。（「はじめに」より／構成・編集部）

（たまい・よしおみ／あしなが育英会会長）

リレー連載　近代日本を作った100人　88

ギドー・フルベッキ——日本近代化の恩人

井上篤夫

岩倉使節団の仕掛け人

その日の朝の光は新しい日本の門出を祝福するかのように澄みきっていた。

「此頃ハ続テ天気晴レ、寒気モ甚シカラス、殊ニ此ノ朝ハ暁ノ霜盛シニシテ、扶桑《ふそう》ヲ上ル日ノ光モ、イト澄ヤカニ覚ヘタリ」（『米欧回覧実記』久米邦武編）

岩倉使節団は明治四年十一月十二日（一八七一年十二月二十三日）、横浜港を出帆し、一年九ヵ月余（六三二日）かけて条約改正、各制度の視察のため米欧十二ヵ国を巡歴した。

特命全権大使は岩倉具視、副使は木戸孝允、大久保利通、伊藤博文、山口尚芳の四名、そのほか随員一八名、留学生四三名、総勢一〇七名で構成された。一行には、津田梅子など日本最初の女子留学生や、フルベッキと長崎で交流があった何礼之や中山信彬、中島永元、瓜生震、中山健明などもいた。

留学生まで帯同して大規模になったのは、自ら欧米に学ぶことを必要とし、かつ世界に通用する人材を育成することが急務だったからである。その使節団の「企画書」ともいうべきブリーフ・スケッチを作ったのが、フルベッキであった。

さらに、フルベッキが使節団出発前に提出した「米人フルベッキより内々差出候書」が木戸孝允関係文書にある。使節の十の方針を述べた上で具体的な四十九項目が記されている。フルベッキの精細かつ配慮が行き届いた提言が、『米欧回覧実記』刊行の大前提になったのである。

ブリーフ・スケッチの「宗教的寛容に関するノート」は表向き削除されたが、内密に調査され、明治六（一八七三）年九月、使節団が帰朝する前の同年二月二十四日、切支丹禁制の高札撤去に繋がったといってよい。フルベッキ最大功績の一つである。

新時代の多くの俊英を育てる

フルベッキは、安政六（一八五九）年来日当初から、長崎で各藩からの来訪者に積極的に西欧の知識を教えた。殊に佐賀藩は、長崎に学校を作る計画を実行した。外国人教師としてフルベッキ、生徒は三、四〇人、明治元（一八六八）年に致遠館が誕生したのである。

アメリカ合衆国憲法の講義は、近代憲法の講義の最初のものだろう。アメリカ独立宣言の講義など、フルベッキの言葉に新しい時代を創ろうという英才たちが目を輝かせた。後に大隈重信は、明治十五（一八八二）年十月に東京専門学校（早稲田大学の前身）を創立するが、この致遠館が「源流」になったと述べている。

また、フルベッキは、多くの学生たちをアメリカ・オランダ改革教会のフェリス師に託して、ニューブランズウィックへ送った。グラマースクールで英語を習得し、横井左平太は海軍の学校で学んだ。弟の横井大平は病気で間もなく帰国した。日下部太郎は「数学の天才」と称され傑出していたが、若くして現地で亡くなった。維新前後の数年間、日本からアメリカに留学した者は約五百人に達する。そのきっかけを作ったのがフルベッキである。

フルベッキは新政府から教育顧問の招聘を受け、長崎から上京する。大学南校（東京大学の前身）の教頭を務め、優秀な外国人を招聘、学制の提案などに尽力した。その後は政府のお雇いとして法律書や科学書などを翻訳、口述で西洋の知識を紹介した。晩年は、聖書翻訳や地方伝道で宣教運動に身を捧げた。そして明治三一（一八九八）年三月一〇日、「無国籍」のまま在日、四〇年にして日本で没した。

ルーテル南部一致教会のジェームス・シェーラー師はフルベッキを追悼している。「フルベッキが日本にいなかったなら、今の日本にはなっていなかっただろう。日本という国が、本来の姿からより神の国へと近づいたのは、彼のおかげである」（『Evangelist』一八九八年六月号）

日本近代化の恩人、ギドー・フルベッキを忘れてはならない。

（いのうえ・あつお／作家）

▲ギドー・F・フルベッキ
(1830－98)
オランダ・ザイストに生れる。22歳の時、オランダからアメリカに単身渡る。29歳、オーバン神学校を卒業。按手礼を受け、ブラウン、シモンズらと宣教のため来日、長崎に赴任する。禁教下、長崎の済美館、致遠館などで英語などを学生に教える。39歳、開成学校設立にあたり上京。大学南校（現在の東京大学）の教頭となる。岩倉使節団の「草案の概要」ブリーフ・スケッチを作成する。教頭を解任された後、政府の法律顧問などや聖書翻訳に従事。無国籍だったが、晩年は日本永住権を得て地方伝道に専念した。在日40年、日本に没す。妻マリアと共に青山墓地に眠る。教え子たちの寄付で紀念碑が建立された。

■連載・「地域医療百年」から医療を考える 4

社会へのまなざし 2

方波見康雄

大正二年当時の北海道は、大凶作のため農家は困窮を極めたという。そのころ東京から赴任した若き医師の父荘衛《そうえい》は、小学校の児童検査の折に黄疸そっくりの顔つきの児童が数多く見られたのを不審に思い再検査をすると、かぼちゃを常食しているためと分かった。さらに調べると、農家が日々の米麦に事欠き、貧困による栄養不良や結核などの疾病が地域住民に蔓延していることも判明して大きな衝撃を受けた。出自が徳川幕府のころから常陸国で荘園を預かる身だっただけに、農家の困窮は他人事ではなかった。やがて奈井江町の開業医になってからも、農家の人びとの健康問題に深く立ち入り、貧困と疾病、とりわけ結核の予防に尽力するようになった。

だが一方で、凶作と不作にめげずに農耕に精進する農業者の姿に深い敬意をいだくようになった。手製の「自叙伝」に、こう記している。

「相次ぐ凶作は農民に思考する機会を与えた。北海道の農民が凶作の中から自然に順応した新しい農法を学び、独特の方法を試す姿に、私は励まされた。人は書籍のみに学ぶべきに非ず、事実に即してこそ道は明らかになる。私も実地医療に徹することによって自分の医療の在り方を把《つか》みたいと考えるようになった。地域住民が貧しさのゆえに病気に偏り、医者が富裕に偏ってよいのか、農民の惨状を目の前にして、素朴な疑問が私をとらえた」。

読みながら思い起こしたのは父がいつも口にしていた言葉「枯れ木も山のにぎわい」であった。「貧しい人や農家の医療費の支払いが滞るのは致し方がない。みなさん、まじめに働いているのだ。外来診療に見えるだけでも待合室がにぎやかになる。ありがたいと思え」という言い分なのだ。これを語るとぼけた父の口調と、ほほ笑みながら聞き流す母の姿が、おうようでユーモラスな光景として心に深く刻まれ、社会的に恵まれない人びとを大切に思う家庭の雰囲気は、私が医療者となっただけに、いまなお有り難く思っている。

（かたばみ・やすお／医師）

■〈連載〉沖縄からの声［第XIII期］1（初回）

戦後沖縄精神の腐食

伊佐眞一

日本の敗戦でヤマトにＧＨＱが君臨したとき、沖縄ではアメリカによる武力むきだしの軍事支配が始まった。昭和天皇と日本国政府――つまり、日本人の総意によって日本から分離された結果が、特異な沖縄戦後史を形成する。「捨て石」となった沖縄戦のあと、かろうじて生き残った住民の生活は、日本本土のそれとは、天と地ほども違っていた。破壊の限りを尽くした土地と死者のうえで、人びとは狭い痩せ地を這いずるように、ただ生命を維持するために生きる人間にもみえた。

それでも、この人間集団は地獄の経験を境にして、ひと皮もふた皮もむけた住民共通の人生観を身に刻み込んでいく。

思うに、よくもこれだけ長い年月、日米の政治力学がこの島々に集中し、人びとを抑圧し続けてきたのかと驚く。沖縄への社会的構造差別がみごとなほど浮き出ているのだ。「復帰」以後でいえば、一九九九年に沖縄中を震撼させた新平和祈念資料館を舞台にした展示改竄が、その一例である。沖縄戦を語る際、絶対に忘れてはならない事実を、稲嶺惠一知事と牧野浩隆副知事の県政が、沖縄研究の御用学者とともに、行政権力で意図的に隠蔽し、骨抜きにしようとした事件である。

「反日的であってはならない」という知事発言が象徴していたように、日本軍による沖縄住民のガマ（避難壕）からの追い出し、食糧強奪、琉球語を使う者をスパイと見なしての虐殺、そして慰安婦の存在抹殺など、よくもこうまでと声を失うほどに記述が覆い隠されようとした。しかも、それが日本政府からの圧力もさることながら、沖縄人自身の積極的行動だった点に、ことの深刻さがある。まったくもって噴飯ものというしかない。

こうなると、その後はどうなるか。「強制集団死（集団自決）」は、日本軍の強制ではないと文科省が教科書で大っぴらに開き直る。そして現在、戦死者の血と涙と遺骨の染み込んだ戦跡地の土砂を、あろうことか辺野古の新基地建設の埋め立てに使用するというにまで至っている。ここでも沖縄人が堂々たる役割を果しているが、沖縄戦の教訓はこのレベルにまで、倫理観が暴落してきているのである。

（いさ・しんいち／沖縄近現代史家）

連載　歴史から中国を観る　19

清朝の新疆統治

宮脇淳子

最後の遊牧帝国ジューンガルを滅ぼし、その支配下にあったタリム盆地を一七五九年に支配下に入れた清朝は、「新《しん》疆《きょう》（新しい領土）」と名づけたその地を、南北に分けて統治した。

北路あるいは準《じゅん》部《ぶ》と呼ぶジュンガル盆地とイリ渓谷には、直接的な軍政を敷き、イリ将軍の管轄下、八旗《はっき》満洲《まんしゅう》兵、八旗蒙古《もうこ》兵、緑営《りょくえい》兵（漢人部隊）を駐防させ、さらに今の中国東北部から、モンゴル系や満洲系の民族集団を家族とともに入植させた。

今、日常の話し言葉として唯一満洲語方言を使用している約三万人のシベ族は、このとき駐防兵としてイリに移住した満洲人の子孫である。

南路もしくは回部《かいぶ》は、満洲人大臣と少数の清軍が、現地人との接触を避けるため、各オアシスの城市の外に駐屯基地を設け、徴税を含む民政は、ベグ（伯克）と呼ばれる現地の有力者にゆだねられた。

イスラム教徒のベグたちは、征服に際して清軍に協力した者とその子孫だった。かれらは勲功に応じて、郡王、ベイレ、ベイセ、公など、宗室と同様の爵位を与えられ、各オアシス最高位の民政長官ハーキム・ベグに任じられたが、出身地には赴任させない回避の制が遵守された。

新疆駐屯軍を現地の徴税だけで維持することはまったく不可能であり、平時で年額約三〇〇両が内地から送られた。

北部は、イリに鋳造処を置き、内地と同じ制銭を発行したが、南の回部では、ムスリム農民と、駐在する清の官・兵との間だけに流通が限定される、現地産の銅を鋳造したプル銭を流通させた。

ハーキム・ベグは、一般人には禁止されていた辮髪《べんぱつ》をつけ、清朝の官服をまとい、駐屯軍の司令である旗人大臣たちに服属した。一方、モスクや聖者廟を修復し、マドラサ（学校）を創りワクフ（寄進財産）を設定し、ペルシア語文献をトルコ語訳するなど、文化的活動のパトロンの役割も果たした。清朝統治の初期には、農業生産の拡大と人口の増加が見られる安定した時代が、ひとまず出現したと言える。（みやわき・じゅんこ／東洋史学者）

連載　今、日本は　27

撃ちて止まむ

鎌田　慧

　夜半、目覚めて障子を開け、外を覗いてみた。眼の前にぼうーっと原発の白いドームが浮かんで見えた。航空機の衝突を防ぐための赤いランプが上空で点滅している。「怖い」と感じた。それが美浜原発、五〇〇メートル目の前の民宿に泊まった最初の印象だった。

　四〇年前の記憶だが、そのころ、美浜の海岸、丹生《にぶ》地区六六戸のうち、民宿が二〇戸、お寺さん以外は漁協の組合員だった。手漕ぎの小舟でアジ、サバ、タイ、ブリなんでも獲れた。夏は海水浴客で賑わった。原発反対派だった漁師のNさんは、すっかり諦めた表情でこういった。

「いずれ使い道がのうなって、廃炉になるというのは聞いとるけどなあ。一年でも長持ちしてほしい気持ちはあるわな」

　原発工事によって目の前の漁場がなくなった。ナマコ、カキ、日本一と自慢だった真珠貝も絶滅してしまった。危険だとは思いながらも、事故はない、というのを信じるしかない。それに原発があったほうが地域のひとたちにおかねがはいってくる。依存がはじまった。

　そのころは原発の寿命は三〇年といわれていた。それが四〇年となり、四〇年を超えた美浜第三号は、六〇年にして六月下旬再稼働した。その頃六六歳だったNさんは、ご存命だったらどう仰有るだろうか。

　避難訓練が再稼動の条件だ。しかし、この狭く細長い日本列島のどこが原発立地の適地か。考えるだけムダだ。活断層だらけの地震大国。原発ばかりか、核廃棄物の捨て場さえどこにもない。

「大阪万博の灯を原発で」が、美浜第一号炉の謳い文句だった。「原発事故からの復興の証」「コロナに勝利した証」が東京オリンピックのスローガンだ。

「安全安心」が原発再稼働のスローガンであり、東京オリンピックもおなじ謳い文句である。「大東亜共栄圏」建設の満洲侵略は聖戦、五族協和、そして、「撃ちて止まむ」。政治家の大言壮語ほど危険なものはない。

（かまた・さとし／ルポライター）

■連載・花満径　64

窓の月（三）

中西　進

屋外派の万葉びとにとって、屋内の窓の下での沈思は似合わない。いろいろな悲哀《メランコリー》は万葉びとにもあっただろうが、「窓越の月光」をめぐるそれはやはり普通ではなさそうである。「窓の月」を歌う万葉の歌とは、一体何者なのだろう。

そこでわたしが明という漢字の篆書（五月号掲載）を見た時の印象も、ここで告白しなければならない。

明の字の左部分、つまり漢字の日の部分が窓だった篆書文字を見た時、それは直観的に火灯窓《かとうまど》の形に見えた。

屋内の明りとは、まずは火灯窓を通してさし込む光であり、屋外の闇に浮ぶ火灯窓は屋内のろうそくの炎《ほのお》をそのまま写した形だったのだろう。

それでいて火灯窓は、われわれが今日知るかぎり、お寺の窓だ。こんな窓が、古代人が住み始めた粗末な家屋に、最初からあったとは思えない。

もしかして「窓の月」とは、文学的イメージなのか。『源氏物語』も琵琶湖畔、石山寺の「窓の月」から誕生したか。

紫式部はここに籠って湖上を眺めながら『源氏物語』を書き始めたという。しかも須磨の海上に「衾《ふすま》を張りたらむやうに光満ちて神鳴りひらめく」様子を、式部は夜の火灯窓越しに湖面を見ながら書いたことになる。

この時、式部の手元を照らしていたのは、燭台《しょくだい》の炎だったろう。燭台の灯は、その相似形の窓から、窓明りを闇に投げかけ、逆に火灯窓は外の月光を、燭台の火と相似形にして屋内に届けていたことになる。

おそらく窓をまず火灯の形に造るという心理も、そこにあるだろう。

かくして窓は火灯形を離れても、月光や燭台の火の通路であることを忘れず、「窓の月」のイメージを文章の中に伝えつづけているようだ。

異国の万葉びとも、とくに中国ゆかりの文字の歴史を背負って「窓越しに月おし照りて」と歌ったものか。文字が未知のイメージをもって文化を運んで来たらしいことに、わたしの驚きは大きい。

（なかにし・すすむ／国際日本文化研究センター名誉教授）

Le Monde

■連載・『ル・モンド』から世界を読む［第II期］59

EDFヘラクレスの敗北

加藤晴久

五月一五日付の社説のタイトルは「EDF改革 ヘラクレスの敗北」。

EDFはÉlectricité de France「フランス電力」の略号。政府が株式の八〇％を所有する事実上の国営企業である。

EDFの稼働中の原子炉五六基によってフランスは世界一の原発大国。ところが経営はうまくいっていない。四二〇億ユーロ（約五兆四〇〇億円）の負債を抱えている。さらに巨額の出資計画も控えている。老朽化している原子炉の修復費。今後一五年間で、新たに建設する原発に四六〇億ユーロ（約五兆五二〇〇億円）必要とされている。再生可能エネルギー革命への対応計画も策定しなければならない。

窮境を打開するために政府とEDFが二〇一八年に打ち出したのが「ヘラクレス計画」。

ヘラクレスはギリシア神話最大の英雄で、無数の武勇談の主人公である。ヘラクレスのように勇猛果敢に難局に立ち向かおうという意気込みである。

計画の骨子はEDFを、①原子力発電（株式一〇〇％国有）、②電力販売、再生可能エネルギー生産（株式公開）、③水力発電（特殊法人化）の三社に分割するというものである。

まず、最終的に民営化を意図していると組合が猛反対。各地の発電所でストライキ、ピケを張るなど執拗な抗議行動を展開している。加盟国への電力販売条件を巡るEU本部との交渉も進まない。

言わば朝令暮改、今年に入って政府は「ヘラクレス計画」を引っ込め、「大EDF計画」を唱え始めた。企業の一体性は崩さないという基本方針だが、具体的な方策はいまのところ示していない。

核エネルギー問題が、二〇二二年四、五月の大統領選の重要な争点になることはまちがいない。すでに保守・極右政党は原発断固維持。左派政党・与党はこの問題については内部分裂。マクロン大統領はいまのところ態度を鮮明にしていない（四月一六日付）。

政治家や労組の動きに比べて、一般国民の動向が伝わってこないのはどういうことか。

（かとう・はるひさ／東京大学名誉教授）

六月新刊

次の世へ、わが子へ…歌は祈りとともに

祈り

上皇后・美智子さまと
歌人・五島美代子

濱田美枝子・岩田真治

美智子さまが皇室に入られる際の歌の指導をした歌人、五島美代子。その夫は、上皇さまの皇太子時代からの歌の師、五島茂。初めて胎動を詠んだ〝母の歌人〟の生涯を美代子研究の第一人者が初めてつぶさに綴るとともに、NHK「天皇　運命の物語」ディレクターが、美智子さまの御歌の世界を味わう。

カラー口絵8頁

四六上製　四〇八頁　二九七〇円

シベリア狩猟民が伝えた「いのち」をめぐる思索の旅

いのちの原点「ウマイ」

シベリア狩猟民文化の生命観

荻原眞子

図版多数

「ウマイ」とは、南シベリアを中心として、ユーラシアの東西の諸民族に広く共通する生命の母神。膨大なロシア語文献を渉猟し、シベリア全域の民族譚を掘り起こすとともに、アイヌのユーカラ、『源氏物語』、柳田国男「山人論」との類縁性を探る。後期旧石器時代から数万年、人類が繋いできた「いのちの原点」とは？

四六上製　二五六頁　二八六〇円

呼吸器系ウイルス感染症の第一人者の提言、第二弾

新型コロナ「正しく恐れる」II

問題の本質は何か

西村秀一　井上亮＝編

新型コロナ発生から一年余。リスクの「本質」をどう伝え、どう対策するのか？　いまだに発生当初と変わらない「不要」な対策が蔓延し、さらに「変異株」問題が過大に喧伝されるなかで、医療資源・病床利用、ワクチンへの評価、そして「リスクコミュニケーション」の必要性など、新型コロナ問題への「本質的」な対策を提言。

B6変上製　二五六頁　一九八〇円

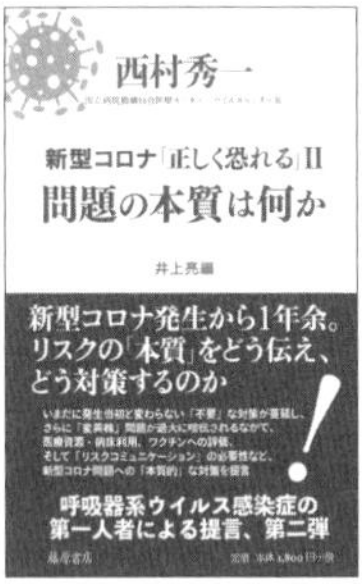

人生を賭け、命を削って番組を制作した者たち。

テレビ・ドキュメンタリーの真髄

制作者16人の証言

小黒純・西村秀樹・辻一郎＝編著

「人間」「時代」「地域」の真実を視聴者に届ける優れたテレビ・ドキュメンタリーは、いかにして生み出されているのか？　自らもメディアの現場に携わってきた編者陣が、ドキュメンタリーの名作を生み出してきた民放・NHKの熟練の制作者たちに深く斬り込む、必読のオーラル・ヒストリー。

A5上製　五五二頁　四一八〇円

読者の声

「アイヌ新聞」記者　高橋真■

▼人間「高橋真」の評伝であると同時に、膨大な資料を丹念に精査したアイヌ民族の歴史書であることに感銘を受けました。合田作品の大ファンを自認する私にとって、新たな宝物が又、あらたに一冊追加となりました。

（北海道　会社員　**庄原隆一**　67歳）

▼石原真衣氏の『〈沈黙〉の自伝的民族誌』を読んでいるところへ届きました。同書二一五頁に高橋真、『アイヌ新聞』が記されていましたので、その合致に驚いています。

（北海道　平取町議会議員　**井澤敏郎**　73歳）

金子兜太■

▼金子兜太という人の本格的評論はこれまでありませんでした。井口時男さんによってはじめて俳人金子兜太が解明されました。当代を代表する文芸評論家の力作です。感動の一巻です。

（東京　俳人　**黒田杏子**　82歳）

▼現代俳句とりわけ前衛俳句を理解するには金子兜太を通らなければなりません。その意味でこの本はとてもよくまとまっていました。私は眼からうろこでした。感動そのものでした。友人にも紹介して、買って読め！と便りしました。

（山形　絵手紙講師　**佐藤廣**　90歳）

いのちを纏う〈新版〉■

▼日本の風土から現れる独自の〈色の存在論〉の可能性を見たような作品でした。

鶴見和子さんの語りは、社会科学としての内発的発展論を語る以上に内発性の深淵に触れていたように思われます。志村ふくみさんの語りに触れるのは初めてでしたが、大変感銘を受けました。

（東京　大学教員・研究者　**中野佳裕**　43歳）

▼この本を拝読し近年虚飾の多い言葉の書物が占める中、お二人が自然・人間・きもの・思想を御自身の言葉の真髄で語られたことは大きな感動と感謝でございました。

このような語りつぐべき立派な書物を発刊された藤原書店様に敬意を表したく存じます。

私共の時代に日本の誇るべききもの文化を衰退させたことにも責任を感じます。

（千葉　主婦　**清宮香子**　93歳）

愛してくれてありがとう■

▼自粛生活の長引く中、一気に読み終えました。玉井会長の壮絶な生き様に感動しました。

元気で生かされている事に感謝して残された日々を有意義に過したいと思います。ありがとうございました。

（大阪　主婦　**岡田多根子**　85歳）

民衆と情熱Ⅱ■

▼御社発行のミシュレの本は全て購読させていただき、この本も高額のため、しばらく躊躇しておりましたが、結局入手しました。

やはり、こういう本は入手しておくべきです。こういう本を出版できる御社に敬服します。

（埼玉　**小川恒夫**　69歳）

シマフクロウとサケ〈絵本〉■

▼ＮＨＫラジオ深夜便で宇梶静江さんの対談（一月二十一日）を聞くことが出来て、本を購入出来ました。

一四枚の布絵、一枚一枚には愛情の深さや大地の力強さが見えます。

図案、配色を考えるだけでも大変なことですし、心のこもったやさしさ、温かさを感じています。パッチワークをしている私の大切な絵本です。

宇梶さんの年齢まで針が持てるようがんばります。

宇梶さん呉々も御自愛下さい。ありがとうございました。

（広島　主婦　**冨中百合子**　71歳）

▼アイヌ民族の神を拝する習慣が美しい古布絵で見られました。
単なる古布絵ではなく、伝統のアイヌ刺繍に感動しました。DVDもさっそく注文いたしました。

（千葉　主婦　**山口真美子**　63歳）

シマフクロウとサケ（絵本＆DVD）■

▼アイヌの文化は難しいと思いましたが、絵本、DVDを見てアイヌの文化を知り、近づくことができました。アイヌの言葉が入っていて、雰囲気がよく伝わりました。
（鳥取　**森本寛子**　78歳）

ベートーヴェン　一曲一生■

▼一曲一生というタイトルにひかれました。ただ内村〔鑑三〕の美と義をBeethoven解釈に即自的にあてはめた点、疑問になる。美は物ではなく想像界で、逆に義は現実界で美しくない。そこから想像界から現実にもどった時の落差、いわば挫折感が再度Beethovenに新たな作品＝美を創造せしめたと思います。本書が外国語に翻訳され広く注目を集められんことを願います。
（東京　**山下順吉**　70歳）

▼『ベートーヴェン　一曲一生』を読ませてもらいました。
私は弦楽四重奏第14番と16番が好きです。なぜなら14番は「求道」、16番は「悟り」であると解釈しています。ベートーヴェンの最晩年は神中心でなく人間の心の中を作曲したと思っています。

（大阪　関西学院大学文学部哲学科卒　**野々村秦明**　81歳）

▼「ベートーヴェン生誕二五〇年」と「コロナ禍」とを併せた企画の勝利だと思いますが、新保先生は本企画に最適の著者であると感じます。
（東京　会社員　**山崎一樹**　60歳）

▼私が大学生の時代、上野松坂屋の裏でコーヒーを飲みながらの六〇余年前思い出しました。友人と一緒に、いつも「運命」と「田園」の曲が大好きで、人生に心意気を感じ、明日の気力に大変役立ちました。
今般新聞広告を見て近所の書店に発注いたしました。ベートーヴェンの人生経路について全く無知でありました。本書を読んで、本当に苦労の連続で名曲が発表されたことを知りました。

（茨城　元経営コンサルタント　**横田守**　84歳）

ディスタンクシオン〈普及版〉（全二分冊）■

▼ここ三カ月ほど『ディスタンクシオン』の読書会をしていたので、普及版が出て幸いでした。
（千葉　司書　**子安伸枝**　42歳）

▼普及版の刊行、どうもありがとうございます。
線を引きながら読まないと頭に入らない性分なので、たいへん助かります。

これから、じっくり拝読するのが楽しみです。

（東京　美術館職員　**貝塚健**　61歳）

虚心に読む■

▼『「二回半」読む』同様、本書を拝読すると、読みたい本が増えてしまい、困ってます（笑）。
コロナ禍、在宅ワークも多くなり、本書を読みながら、次は何を読もうかと頭を使っています。

五郎さんの文書、文章は、非常に読みやすく、すっと心に入って来ます。第三弾の出版を期待しています。

いつもありがとうございます。

（大阪　地方公務員　**安藤馨**　56歳）

人生の選択■

▼この絵本には、デーケン先生のライフワーク、「死生学」への道のりが記されている。四歳の妹の死、間一髪で命拾いした戦争体験、日本二十

六聖人殉教者やフランシスコ・ザビエルとの縁……巻末には、先生の著書の紹介もある。進み続ける日本の高齢化社会の中、穏やかな最期への第一歩が、この絵本の中にある。

（兵庫　浦野美弘　63歳）

世界の多様性■

▼家族の構造をわかりやすく説明してくれた。何度も読み返すべき本である。

（神奈川　会社員　劉海龍　39歳）

日本を襲ったスペイン・インフルエンザ■

▼藤原書店の本は高い。ゆえに価値あり。年に一、二回しか買えない。が、本書も著者、関係者に深々と敬意を表します。但し、印字が薄くてルビは全く読めず、力作の〈注〉も途中から疲れて読むのをやめました。私の目が衰えたのかもしれませんが、著者に申し訳なく思います。

（神奈川　住職　高橋芳照　77歳）

▼亡き母からスペイン風邪の話をよく聞いていた。群馬の貧しい小さな村で、しかも六歳の女の子がなぜどうしてスペイン風邪の悲しさを死ぬまで持ち続けたのか不思議だった。本書を読んでかなり理解できた。

　この大作。しかも出版されてよかった。

　出版社の現在の大変な中でこれだけのものを活字としてのこして下さったことに感謝します。もちろん著者にも。

（埼玉　フリージャーナリスト　西沢江美子　80歳）

▼この著作をきっかけに数多くの歴史的事実を学び、また再確認することが出来ました。日本や海外でも偉大な人物が亡くなっています。詩人のアポリネール、画家ではクリムトやエゴン・シーレ、そして社会学者のマックス・ウェーバー……。

　一九一八年六月にはロシアの大作曲家プロコフィエフが来日していますが、彼は同年の八月のはじめに南米へ向けて出発しましたから、日本でのスペイン風邪の流行による難からはあやうく逃れられたとも言えるでしょう。

　いずれにしても〝調査研究の圧倒的金字塔〟……このような名著や貴社の仕事こそ、まさに研究者にとってのcanon（規範）です。

（神奈川　作曲家・秋草学園短期大学教授　大輪公壱　62歳）

※みなさまのご感想・お便りをお待ちしています。お気軽に小社「読者の声」係まで、お送り下さい。掲載の方には粗品を進呈いたします。

書評日誌（五・一〇～五・二九）

(書) 書評　(紹) 紹介　(記) 関連記事　(イ) インタビュー　(テ) テレビ　(ラ) ラジオ

五・一〇　(紹)公明新聞「中国の何が問題か？」
(紹)日本記者クラブ会報「政治家の責任」（「マイBOOKマイPR」／「劣化を招いた政治の変容」／老川祥一）

五・一四　(記)毎日新聞「苦海浄土」（「コロナ下こそ『苦海浄土』を」／豊崎香穂理（家事手伝い））

五・一五　(書)日中友好新聞「セレモニー」（西）

五・一六　(書)読売新聞「パンデミックは資本主義をどう変えるか」（「『人間形成』重視の可能性」／瀧澤弘和）

五・一七　(紹)公明新聞「ワクチン　いかに決断するか」

五・二五　(紹)現代女性文化研究所ニュース「政治の倫理化」
(紹)北海道新聞「後藤新平の会」（大沢祥子）

五・二六　(紹)朝日新聞（夕刊）「後藤新平の会」（「read & think　考える」）

五・二九　(記)プレス空知「後藤新平の会」（「方波見氏に後藤新平賞」／「地域や国家の発展に寄与　60年以上医療に従事」／伊藤俊喜）

八月新刊予定

＊タイトルは仮題

著者渾身の書下ろし二五〇枚！

中村桂子コレクション　いのち愛づる生命誌　全8巻

7 生《な》る　宮沢賢治で生命誌を読む

［第7回配本］

「土神ときつね」「セロ弾きのゴーシュ」……自然を〝物語る〟天才、宮沢賢治の作品は、生命誌（バイオヒストリー）とぴったり重なる。様々な問題を抱え転換点を迎えるこの社会の新しいあり方を考える上で、不可欠な視点である。〈解説〉田中優子〈往復書簡〉若松英輔・中村桂子〈月報〉今福龍太／小森陽一／佐藤勝彦／中沢新一

詩人としての高群逸枝の全体像の初の成果

別冊『環』㉖　高群逸枝　1894-1964

女性史の開拓者のコスモロジー

恋愛、婚姻、性、母性……様々な問題意識の中で読み解きうる高群逸枝の業績と思想。日本における母系の系譜を丹念に辿った女性史家であり、詩人であった高群逸枝の全貌を、小伝、短歌や詩、女性の歴史、同時代人の関係などから浮彫る初の成果。

Ⅰ　**高群逸枝の生涯**　山下悦子「小伝」他
Ⅱ　**高群逸枝のコスモロジー**　芹沢俊介「高群逸枝の歌、詩」／丹野さきら他
Ⅲ　**高群女性史の成果と課題**　南部昇／西野悠紀子／義江明子／服藤早苗他
Ⅳ　**高群逸枝　新しい視点から**　上村千賀子他
Ⅴ　**高群逸枝はどう読まれているか**　蔭木達也他

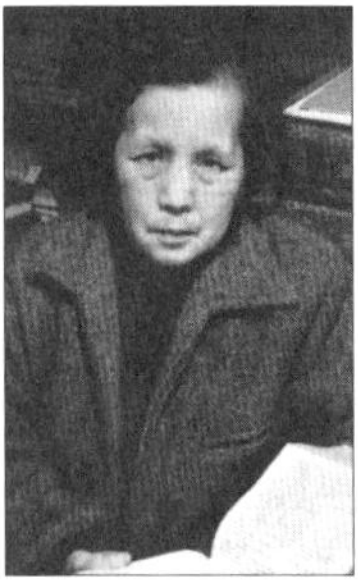

幕末から明治初年、異貌の僧侶、初の評伝

文明開化に抵抗した男　佐田介石　1818-1882

春名　徹

幕末から維新期、強烈な伝統主義の立場から、仏教的天動説や自給自足論、「ランプ亡国論」を唱導し、異彩を放った僧侶にして思想家、佐田介石（一八一八―八二）。「開化」に真っ向から抵抗した佐田介石の生涯と言動を通じて、圧倒的な西洋化に土足で蹂躙される近代日本の苦闘を裏面から照射する。

昭和十、二十年代の浅草の風景と人情

「かもじや」のよしこちゃん

忘れられた戦後浅草界隈

西舘好子

図版・写真多数

戦後まもない浅草橋界隈には、まぎれもなく人間の生活があった。何もなかったけれど、〝人という宝物〟の人情に満ちた〝本当の生活〟のただ中にいた〝よしこちゃん〟。好奇心いっぱいの小さな〝よしこちゃん〟が見た、浅草橋の町の記憶と歴史をつぶさに綴る。

7月の新刊

タイトルは仮題、定価は予価。

テレビ・ドキュメンタリーの真髄 ＊
制作者16人の証言
小黒純・西村秀樹・辻一郎＝共編著
A5上製 五五二頁 四一八〇円

漢字とは何か ＊
日本とモンゴルから見る
岡田英弘
宮脇淳子＝編・序 樋口康一＝特別寄稿
四六上製 三九二頁 三五二〇円

何があっても、君たちを守る ＊
——遺児作文集
「天国にいるおとうさま」から
「がんばれ一本松」まで
玉井義臣・あしなが育英会 編
まえがき＝玉井義臣 跋＝岡嶋信治
四六変判 三二二頁 一七六〇円

8月以降新刊予定

中村桂子コレクション いのち愛づる生命誌（全8巻）
7 **生**《な》**る** ＊
宮沢賢治で生命誌を読む 〈解説〉田中優子
往復書簡＝若松英輔・中村桂子
〈月報〉今福龍太／小森陽一／佐藤勝彦／中沢新一
口絵2頁

金時鐘コレクション（全12巻） 内容見本呈
3 **海鳴りのなかを** ＊ [第7回配本]
長篇詩集『新潟』ほか未刊詩篇
〈解説〉吉増剛造
〈月報〉森澤真理／島すなみ／金洪仙／阪田清子

「かもじや」のよしこちゃん ＊
忘れられた戦後浅草界隈
西舘好子

文明開化に抵抗した男
佐田介石 1818-1882 ＊
春名徹

別冊『環』㉖
高群逸枝 1894-1964 ＊
女性史の開拓者のコスモロジー
芹沢俊介・服藤早苗・山下悦子 編

私のパリ日記（全5分冊）
パリ特派員が見た現代史記録1990-2020
山口昌子
1 **ミッテランの時代**
（一九九〇年五月〜九五年四月）
内容案内呈

好評既刊書

新型コロナ「正しく恐れる」II
問題の本質は何か ＊
西村秀一 井上亮＝編
B6変上製 二五六頁 一九八〇円

祈り ＊
上皇后・美智子さまと歌人・五島美代子
濱田美枝子・岩田真治
四六上製 四〇八頁 二九七〇円
カラー口絵8頁

いのちの原点「ウマイ」 ＊
シベリア狩猟民文化の生命観
荻原眞子
四六上製 二五六頁 二八六〇円

草のみずみずしさ
感情と自然の文化史
アラン・コルバン
小倉孝誠・綾部麻美訳
四六上製 二五六頁 二九七〇円
カラー口絵8頁

ゾラの芸術社会学講義
マネと印象派の時代
寺田光徳
A5上製 六二四頁 六三八〇円
カラー口絵8頁

風土自治
内発的ローカリズムの系譜と未来
中村良夫
四六上製 四四八頁 三六三〇円

資本主義の破局を読む
市民社会が発動する暴力を問う
斉藤日出治

＊の商品は今号に紹介記事を掲載しております。併せてご覧戴ければ幸いです。

書店様へ

▼6月刊『新型コロナ「正しく恐れる」II 問題の本質は何か』が出足好調です。『ワクチン いかに決断するか 1976年米国リスク管理の教訓』、『ウイルスとは何か コロナを機に新しい社会を切り拓く』、『戦後行政の構造とディレンマ 予防接種行政の変遷』、『日本を襲ったスペイン・インフルエンザ』等、関連書籍とともに是非大きくご展開を！▼6／26(土)『毎日』にて、本村凌二さんがアラン・コルバン『草のみずみずしさ 感情と自然の文化史』を絶賛書評！ 在庫のご確認を。▼6／20(日)『北海道』、6／18(金)『読売』北海道版にて合田一道さんの『アイヌ新聞』記者 高橋真 反骨孤高の新聞人』を紹介。▼6／15(火)BSフジ「BSフジLIVEプライムニュース」にて、橋本五郎さんが、中村桂子・村上陽一郎・西垣通三氏の鼎談『ウイルスとは何か』を紹介。▼6／11(金)『日経』夕刊「くらしスクープ 飲み会、歴史ひもとくと」にて、『「共食」の社会史』著者原田信男さんインタビュー記事。（営業部）

出版随想

▼"知の巨人"と謳われた立花隆氏が今春亡くなられた。氏との出会いはなかったが、かつて氏の「田中角栄研究」が大評判になった時、清水（幾太郎）研究室で編集長の田中健五氏の講話を聞く機会があった。出版界に入って間もない時であったが、立花氏にこういう仕事をさせた田中健五という男と"文藝春秋"という会社の人の育て方に興味を覚えた印象がある。

▼一九九八年暮に、小社から白木博次著『冒される日本人の脳――ある神経病理学者の遺言』という書を出版した。著者白木博次氏（一九一七―二〇〇四）は、神経病理学のパイオニアであり、国際神経病理学会会長も歴任された方である。氏との出会いは、九七年夏の頃であった。氏の肩書きが、元東京大学医学部長とあるのを不審に思い尋ねてみた。「私は、東大紛争の時に医学部長になりましたが、一度も学部長室の椅子に腰を下ろしたことなく、あんなバカな学生と付き合う時間がないと思い、学部長を下り、定年前に東大を辞めました。」「その後、自宅に私設の白木神経病理学研究所を作りましたが、その翌日から家内は保険の外交員として働き、一家を支えてくれました。」と。それから白木先生とは、毎週のように御宅にお邪魔し、先述した本を一気に作り上げた。白木先生は、生涯を賭けて、「白木四原則」を軸に自然科学の手続きを踏みながら、その手法の限界を超える「医の魂」から、水俣病、スモン、ワクチン禍の三大裁判に長年に亘って証言を続けられた。

▼翌年二月一八日号の『週刊文春』で立花隆氏は、次のようにこの書について言及した。『冒される日本人の脳』を読んで、この著者に対する認識を根本的に改めさせられた。白木博士は、医学部からはじまった東大紛争の渦中の人物である。あの頃学内の立看板を読むかぎり、極悪人としか思えないような教授だった。しかしこの人は、三大裁判で患者側に立って闘いつづけてきた大変な人なのである。……水銀汚染の激しい日本人はみな潜在性の水俣病になりつつあるという恐るべき警告を、七二年に衆院の社会労働委員会で行っている。……このような警告を真剣に聞かなかったとがめがいまきているわけだ」と。合掌。（亮）

えて殺してしまいます。そして穴の中へ入ってみると、中はがらんとして何もなく、狐の着ていたレインコートのポケットの中には、「茶いろなかもがやの穂が二本」あるだけだったのです。なんということでしょう。かもがやなら、土神の祠のまわりにもあります。土神は途方もない声で泣き、「その泪《なみだ》は雨のやうに狐に降り狐はいよいよ首をぐんにゃりとしてうすら笑ったやうになって死んで居《い》たのです」。なんともやるせないことです。

賢治の童話には、死がたくさん登場します。後で取りあげる『なめとこ山の熊』では、熊がたくさん殺され、最後には小十郎も死にます。『グスコーブドリの伝記』でも、ブドリは爆発する火山のある島に一人残ります。死はつらいものですが、それでもこれらの死には何か意味を見つけることができ、小十郎は、「生きてるときのやうに冴《さ》え冴《ざ》えして」いたと表現されます。けれども、ここでの狐の死にはなんとも整理できない気分が残り、しかも狐は、〝ぐんにゃりとしてうすら笑って〟いるのですから気になります。狐が「ツァイスの望遠鏡」などと言い始めるところから、先進性をひけらかす輩《やから》にしか見えなくなり、読んでいるうちに「本当にそれが幸せにつながる道ですか」と問いたくなっていくのは確かです。生命誌では近代化のもつ問題点をいつも考えていますので、そんな読み方をするのかもしれません。

読むうちに、狐に少し試練が訪れるように、反省があるようにと願う気持ちが生まれてきました。でもこんな形で死ななくても。しかもカッコよさの象徴のように狐が着ていたレインコートのポケットには、「茶いろなかもがやの穂二本」しかないのです。土神も大声で泣いています。もしかしたら、私たちが今追いかけている新しい科学技術も、実は、「かもがやの穂二本」なのかもしれないと考えこみますが、だからといって科学そのものを全否定しても、希望のある未来は見えません。現在の科学技術の進め方を見ると、賢治と同じように皆が本当に幸せに生きることを求めるとしたら、ちょっと立ち止まって考えなければいけません。二一世紀に入り、東日本大震災や新型コロナウイルスによるパンデミックなど、大きな災害が起きました。どちらも自然災害ですが、震災のときは東京電力福島第一原子力発電所が事故を起こし、一〇年経った今も、後始末の見通しが立っていません。新型コロナウイルスも、コウモリの中でおとなしく過ごしていたものを人間の世界に引きずりだしてしまったのです。現代社会を生きる人間が引き起こした災害と、受けとめなければなりません。ところが、そのような危うさを感じさせる中で、植物たちが例年になくたくましい成長を見せています。花も目立って美しく咲きほこっています。

自然界で何が起きているのか。だれも答えを知らないまま、時は過ぎていきます。見えないところで何かが動いているのに、自分たちのことだけ考えている人間の集団の中にいて、これは滅びの道ではないかという思いがし始めています。狐を殺してもそこからは何も得られないと思う一方、この道を歩いている私は狐であり、滅びることでしかこの歩みは止まらないのかもしれないと思えるのです。賢治がここにどんな思いをこめたのか、考えるべきテーマです。

賢治は自然を愛していましたけれど、ただ目に見えるものを美しいと思うにとどまらず、宇宙、星座、鉱物などの奥にある元素や物理、化学現象に強い関心をもっていることが、作品を読むとよくわかります。賢治の才能を認めていた詩人の草野心平《くさのしんぺい》に宛てた手紙に、「私は詩人としては自信がありませんけれども、一個のサイエンティストと認めていただきたいと思います」と書いていることを知り、科学への関心の強さを改めて感じたところです（桜井弘『宮沢賢治の元素図鑑――作品を彩る元素と鉱物』化学同人、二〇一八年）。

このお話は、今、私たちが考えるべきことを問いかけたまま終わっています。土神と狐を土着の文化と先進性を誇る現代科学の表現として対比させたり、ましてやそこで優劣や善悪を考えたりしただけでは答えは出てこないということだけは、肝《きも》に銘じながら考え続けようと思います。今、まさに考えるべきテーマを投げかけられているのですから。

3 『虔十《けんじゅう》公園林』——全体として見れば皆同じ

『虔十公園林』は賢治の童話の中でとても読みやすく、そのうえ生命誌で考えていることと近い内容なので、好きなお話です。

始まりは、

虔十はいつも縄の帯をしめてわらって杜《もり》の中や畑の間をゆっくりあるいてゐるのでした。

です。この始まりもとくに気を引くような言葉があるわけでも、驚くような場面設定があるわけでもありませんが、ゆったりした話が始まりそうな気配を感じ、惹かれます。それへの答えはすぐに主人公虔十の行動として出てきます。

雨の中の青い藪《やぶ》を見てはよろこんで目をパチパチさせ青ぞらをどこまでも翔《か》けて行く鷹《たか》を見付けてははねあがって手をたゝいてみんなに知らせました。（…）

風がどうと吹いてぶなの葉がチラチラ光るときなどは虔十はもううれしくてうれしくてひとりでに笑へて仕方ないのを、無理やり大きく口をあき、はあはあ息だけついてごまかしながらいつまでもいつまでもそのぶなの木を見上げて立ってゐるのでした。

ここにも風が出てきます。この風はぶなの葉を光らせ、虔十を喜ばせます。雨の中の青い藪、風でチラチラ光るぶなの葉。どちらも気持ちをやわらげ、ほっとさせてくれる光景ですから、その気持ちを素直に出し、ひとりでに笑えてしかたのない虔十の心はよくわかります。ところがこれを見て、子どもたちがばかにして笑うのです。こちらの笑いは、心地よいものに対する素直な気持ちから出る笑いとはまったく違うものです。

子どもたちはおそらく、おとなたちから、「虔十には知的障害があり、それはばかにしてよい対象なのだ」と聞かされているのでしょう。私の子どものころにも、町にそのような人がいて、男の子たちがからかっていたことを思い出します。子どもはときにむごいもので、弱い者いじめをするのです。

いじめについて、こんな体験があります。

近所のお宅の庭に池があり、そこにカルガモの親子がやってくるのを、近くの人たちが楽しみにしていた時期がありました（今はその池はなくなり、カルガモとの出合いもなくなってしまったのが残念です）。五羽の子ガモが親の後をついて泳ぎまわっている様子はかわいらしく、日に何度も見にいったものです。

一緒に生まれた五羽ですが、やはり大きさが少しずつ違い、元気さも違います。その中に際だって弱い子ガモが一羽いました。池の端に作られた餌場でも、仲間にいじめられている様子が見えます。十分に餌があるのだから意地悪しなさんなと思うのですが、そんな気持ちは通じません。ところが一羽だけ、弱い子をかばう様子を見せる子ガモがいるのです。

人間の子どもの中でも、これと同じことが起きているなあと思いながら見ていました。厳しさも優しさも自然の中に存在しているということなのでしょう。人間の社会としては、この厳しさを理解しながら優しさを生かしていく教育や社会制度をつくっていかなければならないのだと、かわいい子ガモたちに教えられました。

巣立ちのときが来ます。お母さんガモは、一羽の子ガモと一緒に飛びたちました。おそらくいちばん元気な子なのでしょう。次の日、お母さんは二羽目を連れて飛びたちました。近くにある野川（多摩川の支流）に連れていくのです。そして四羽目までは、無事池から川へと移っていきました。そして五羽目。あの見るからに弱々しく、いじめられていた子です。お母さんは一日中、その子と一緒に池で泳いでいました。やがて、この子は飛びたてない、そう判断したのでしょう。自分だけで飛んでいってしまいました。一日、一緒に泳いでいる気持ち、無理だと判断して置いていくときの切なさ……。弱い者は生きていけないという自然の摂理であり、そこにカモの気持ちなどという感情移入は科学とは遠いと言われそうですが、生きものとして生きていくうえでは、ここから学ぶことがあります。

虔十に戻ります。両親やお兄さんは、子どもにばかにされる虔十をかわいがり、虔十も言うことをよく聞いてお手伝いをしながら生活しています。そしてあるとき突然、虔十が自分から頼みごとをします。「山がまだ雪でまっ白く野原には新らしい草も芽を出さない時」に、「杉苗七百本、買って呉《け》ろ」と言うのです。虔十が苗を植えようとしている家のうしろの野原は杉が育つような土地ではないのですが、お父さんは、〝虔十の初めての願いごとだから〟と聞き入れ、お母さんもその様子に安心します。

このやりとりから、知的障害をもつ存在を自然に受け入れている穏やかな農村の一家が浮かびあがります。私が子どものころも、町の中にこのような人がいて、少し変わっていることに子どもがとまどって、いじめもあったと書きました。けれども一方で、町の空気の中に自然に溶けこんでいるのを、そのまま受けとめている雰囲気もありました。おそらく、賢治の時代もそうだったのでしょう。

お兄さんに手伝ってもらって植えた杉は、土地が粘土質だったからでしょうか、五年まではまっすぐ伸びましたが、七年経っても八年経っても九尺（二・七メートル）くらいで、あまり大きくなりません。そこでまた、まわりの人にバカにされるのですが、枝打ちをして下の方をさっぱりさせた翌日、「愕《おど》ろいたことは学校帰りの子供らが五十人も集って一列になって歩調をそろへてその杉の木の間を行進してゐるのでした」。子どもたちにはちょうどよい高さなのです。

全く杉の列はどこを通っても並木道のやうでした。それに青い服を着たやうな杉の木の方も列を組んであるいてゐるやうに見えるのですから子供らのよろこび加減と云ったらとてもありません、みんな顔をまっ赤にしてもずのやうに叫んで杉の列の間を歩いてゐるのでした。

虔十の思いがつくりだした心温まる風景です。けれどもここで問題が起きます。北側に畑をもっている平二が、「虔十、貴《き》さんどご〔貴様のところ〕の杉伐《き》れ」と言いだします。「おらの畑ぁ日かげにならな」と言うのです。杉の影は五寸（一五センチ）も入っていませんし、むしろ南からの強い風を防ぐ役割の方が大きいのに、以前から意地悪だった平二の言いがかりです。

「伐れ、伐れ。伐らないが。」

「伐らない。」虔十が顔をあげて少し怖さうに云ひました。その唇《くちびる》はいまにも泣き出しさうにひきつってゐました。実にこれが虔十の一生の間のたった一つの人に対する逆らひの言《ことば》だったのです。

この物語を読むとき、いつもここで胸が痛みます。それまでは自然の中で喜び、でもそれをばかにされるので、そっと隠して人に逆らわずに生きることを自分の生き方としてきた虔十ですが、杉林への思いだけは、人には邪魔されない自分のものとして強くもっていたのです。

私たちは、人々の中で生きていこうとすると、どこかで妥協していかなければならないことを学んでいきます。それがおとなの知恵とされて、そのうちに自分にとって大事なことは何かを考えることをせずに、なあなあで暮らすことになってしまいがちです。私はそれが苦手で、本当に大事なことは何かを考えずに人の言うことだけを聞いて事を進めることはしたくないと思いながら暮らしてきました。もしかしたら私自身、そのような〝おとなの知恵〟になじめないという点では、虔十と近い感覚をもったまま生きてきたような気がします。なんだかそんな生き方が好きなのです。

ところで、平二も虔十もその秋にチブスで死んでしまいます。当時はこのような感染症が若い人の命を奪うことが少なくありませんでした。この作品ではチブスによる死について深く入りこんだ記述はありませんが、若い人にとって死がかなり身近なものであった時代です。賢治も最愛の妹トシを結核で失い悲嘆にくれますし、自身喀血《かっけつ》をし、三七歳という若さで他界しています。

公衆衛生、十分な栄養、抗生物質、ワクチンという科学の力が、感染症を日常から遠ざけたと、ついこの間までそのように思っていたのですが、新型コロナウイルスのパンデミックでこの思いあがりは崩されました。ここにも大きなテーマがありますが、今ここでは深く入る余裕がありません。

その後、村は開発され、町になっていきます。けれども虔十の村だけは変わらず、子どもたちの遊ぶ声が響きます。村出身でアメリカの大学教授になっている博士がそれを見て、虔十のことを思い出します。「あゝ、こゝはすっかりもとの通りだ。木まですっかりもとの通りだ」と言い、遊ぶ子どもを見て、「あの中に私や私の昔の友達が居《い》ないだらうか」と続けます。ここでは、その光景が目に浮かび、一つの暮しが続いていくことの意味を考えさせます。博士は虔十を思い出し、

「あゝ全くたれがかしこくたれが賢くないかはわかりません。(…)どうでせう。こゝに虔十公園林と名をつけていつまでもこの通り保存するやうにしては。」

そして昔のその学校の生徒から、たくさんの手紙やお金が学校に集まってきました。とても印象的なところです。この物語の最後はこうです。

そして林は虔十の居た時の通り雨が降ってはすき徹《とお》る冷たい雫《しずく》をみじかい草にポタリポタリと落しお日さまが輝いては新らしい奇麗な空気をさはやかにはき出すのでした。

虔十にふさわしい、爽《さわ》やかな終りです。

二〇世紀後半から二一世紀にかけて生きてきた私は、村がどんどん町になっていくのを見てきました。もちろん鉄道が通り、商店町ができることで得られた便利さを頭から否定するつもりはありません。けれども、どう考えても現在の進み方には、賢治の言う「本当の賢さ」が欠けているように思えます。子どもたちからもばかにされていた虔十が、もっとも大事と思い、一生に一度の逆らいをしてまで育てた林への思いを、「賢さ」と言わずして何と言うのでしょう。それは長い時間を経過した後に見えてきたものなのです。

本当に賢いのはだれか

ここでふと思い出すのが、アメリカのバージニア・リー・バートンの絵本『ちいさいおうち』(石井桃子訳　岩波書店、一九五四年)です。丘の上に立てられた「ちいさいおうち」は、「まごのまごのそのまたまごも住めるように」と心をこめてつくられ、春夏秋冬、それぞれの季節を楽しんでいました。ところがある日、まわりを自動車が走り始め、どんどんビルが建ち始めたのです。昼夜の区別も季節の違いもなくなって、「ちいさいおうち」は幸せではなくなります。

本当に居心地が悪くなり、悲しかった「ちいさいおうち」は、幸い丘の上へと移してもらい、月や星やリンゴの木と一緒に静かに過ごすことでゆっくりと時間を紡ぐことができるようになりました。これで「まごのまごのそのまたまごも」幸せに暮らせそうだと安心します。この本が書かれた一九四〇年代は、まさにアメリカ社会が急速に現代へと移っていたときです。その中で、本当の幸せを考えたとき、やはりリンゴの木が大事だったのでしょう。

賢治はそれより二〇年以上前に、『虔十公園林』を書いています。当時は、都市化や自然破壊が一般の人にはあまり認識されていませんでした。何度も書きましたように、賢治は西洋文明を否定的に見るのではなく、むしろ憧れを抱いていたように思えます。けれども心の奥では、そこにある人間中心の身勝手さへの不安を抱いていたのではないでしょうか。この物語には、そんな賢治の姿が見えます。理性でなく直観が示す姿です。

『ちいさいおうち』
バージニア・リー・バートン文・絵

社会の中での障害者の居場所についても考えました。時代が進み、人権という概念は子どものころから教えられ、すべての人がその人として生きることの大切さについての理解が進み、格差は消える方向へと動いてきたはずです。ところが、新自由主義の名のもとに、過当競争による格差社会を私たちは生んでしまいました。そこでは、信じられないような差別意識が表面化しています。しかも情報技術が進み、だれもが、ときには匿名で個人を中傷する言葉を社会に向けて発信できるようになりました。このようなときこそ本当の賢さが必要です。

知的障害者が暮らす施設の職員が、「傷害のある人には生きる価値がない」として殺害に及んだ事件は、犯人の心の闇のみならず、現代社会の深い闇を感じさせ、一過性の事件として見過ごすわけにはいきません。生命誌という生命の多様性を基本に置き、人間は生きものであるというあたりまえのことを考えようとしているのは、生命科学の研究が進めば進むほど、生きものは機械のように一律に見るものではないことが明らかになっているからです。すべての個体はそこに存在することに意味があり、それを見出すことが生きものの見方としてもっとも重要であることがわかってきているからです。

生きものの研究からわかってきたことを、できるだけ大勢の方に伝えたいと思うのは、先端研究の知識の理解を求めたいからではなく、一人ひとりに生きることの意味を実感していただきたいからなのです。

そんなあたりまえのことが伝わらない原因の一つは、やはり現代社会が人間を機械のように見ることをやめないからでしょう。「自然についてよく知るための科学は、生きものを含めた自然を機械として理解するものではない」という認識を社会全体のものにして、新しい社会を組み立てていくときが来ています。生命誌は、機械論を離れて自然を知る知の確立をめざしています。

さらに最近の体験を一つあげるなら、性的マイノリティの人たちの結婚について、「生産性がないので社会的な意味を認められない」とした発言には驚きました。これも人間として存在することそのものの意味を、まったく理解していないために生まれた考え方で、生きものとしての人間という、あたりまえのことを見つめていないとしか言えません。

そもそも子どもの誕生に対して、「生産性」という言葉を用いることのおぞましさに気づいていないのですから、何をか言わんやです。むずかしいことではありません。生きることに向き合うという、いちばん基本のところを忘れなければよいだけのことです。それを忘れて、目の前の競争だけへの関心で社会を考えると、人間が人間として生き続けることがむずかしくなります。人工知能、仮想現実、人体の操作などの技術が急速に進んでいる今、賢治の時代に比べたら格段に危険は大きくなっています。人間を機械のように見てこれらの技術を進めたときには、おそらく人類の未来はないでしょう。

これは、いずれ独立して語らなければならない重要な課題です。とにかく、本当に賢いのはだれかという問いは、今、真剣に考えるべき問いです。生きものはそれぞれの特徴をもって生きているのであって、どれが優れ、どれが劣っていると比べられるものではありません。アリとライオンと、どちらが優れているかを問うても意味がないのです。人間も生きものですから、人間同士を比べてもしかたがない。それぞれによいところがあります。そして今の社会は、アメリカから帰ってきた博士が気づいた虔十のもつ本当の賢さが欠けていることに、私たちも気づかなければなりません。

生きものには規格がない

ここでふと三〇年ほど前のことを思い出しました。ヒトゲノム解析計画が始まったときのことです。当時、研究者たちの間で行なわれた議論に少しおつき合いください。今の科学の話になり、賢治から一時離れるように見えるかもしれませんが、最後にはそこにつながりますので。

地球上の生きものはすべて細胞でできており、その中にあるDNAが遺伝子としてはたらき、それぞれの生きものの性質を決めていることは、今ではよく知られています。一つの細胞の中にあるDNAすべてを、ゲノムとよびます。ゲノムにはそれぞれの生きものの性質を決め、生きものが生きることを支える物質をつくりだす遺伝子がすべて存在しています。私たち人間の細胞の中にあるＤＮＡつまりゲノムを、ヒトゲノムとよびます。ヒトゲノムは、私たちが人間（ヒト）として生きていくことを支えています。そこで、ヒトゲノムをすべて解析したいということになったのです。

ヒトゲノムを解析することになった出発点は、「がん」です。一九七〇年ころのことです。死因としてこの病気の割合が高くなり始め、しかもその原因も治療法もわからず、不治の病と恐れられていました。そこでがん研究に力を注いだ結果、がんを引き起こすウイルスに「がん遺伝子」とよべる遺伝子があり、それが細胞の中に入るとがんになることがわかってきました。

その後、私たちの細胞のＤＮＡ（ゲノム）に「原《げん》がん遺伝子」という遺伝子があり、それが少し変化することでがんになること、ウイルスの「がん遺伝子」は、実は私たちの細胞にある遺伝子をウイルスが取りこんで運び歩いているのだということがわかりました。思ってもいなかった結果に研究者は驚きました。

しかも、がん遺伝子はいくつもあること、細胞ががん化するには一つの遺伝子ではなく、複数の遺伝子がかかわることがわかってきたのです。研究が進むほどに生きている以上、がん化は避けられないと思えるようになったと言えます。つまりがんを知り、治療するには、生きているとはどういうことかを知る必要があるのです。生きものの世界は、すべてをスパっと分けられないことが多いのですが、健康と病気の間にも明確な境い目があるとは言えないのです。そこで、がんの原因を知るには私たちがもっている遺伝子をすべて知る、つまりヒトゲノムを解析する必要があるということになったのです。

少々長い説明になりましたが、「ヒトゲノム解析」という多くの人手と費用と時間をかけた大プロジェクトがなぜ始まったのか、納得していただけたかと思います。そして生きもの研究のおもしろさも。ここからが賢治とつながります。

「ヒトゲノム解析」はがんを知るために重要であるだけでなく、ヒトとはどういう生きもので、どのように生きているのか、ということを知るためにも必要です。では、だれのゲノムを解析すればよいのでしょう。地球上に七八億人ほどもいるヒトは、一人ひとり違います。アジア、ヨーロッパ、アフリカ、南北アメリカ、それぞれの大陸に暮らしている人々はそれぞれ見かけが違いますが、どれがヒトの代表となるのでしょう。実は、世界中のどこを探しても、これがヒトの標準という人はいません。

規格があるのは機械だけで、生きものには規格がありません。つまり、それぞれ違う一人ひとりがすべてヒトだというしかありません。つまり、ヒトゲノム解析プロジェクトでは、だれのゲノムを解析してもよいのです。別の言い方をするなら、すべての人がヒトの代表なのです。最初のデータは、暮らしている場所が異なる複数のヒトを対象にして出した結果をヒトゲノムとしました。車はすべて規格品であり、そこからはずれたものは、まともに走る保証がないので工場から出荷できません。人間を機械のように見ることに慣れてしまうと、人間にも規格があるように錯覚してしまいがちです。

しかし、賢治は決してそのような考え方はせず、人間を人間として、生きものとして見ていますから、虔十が魅力的に描きだされます。科学の進歩によって一度は人間を機械と同じように見ることになった現代ですが、さらに研究が進んだ今、やはり人間は規格などがある存在ではなく、一人ひとりが特徴をもつ存在だとわかってきました。つまり、二一世紀の今、私たちは賢治と同じ考え方をすることになったのです。この大事な変化に気がついていただけたでしょうか。

4 『フランドン農学校の豚』――哀《あわ》れすぎる物語

次に取りあげるのは、『フランドン農学校の豚』です。このお話はあまり知られていないかもしれません。私も「生命誌」という切り口で宮沢賢治の全集を読むようになってから、気づいて考えこまされた物語です。

主人公は、フランドン農学校で食肉用に飼われている豚です。農学校の助手や小使いなどが、「金石でないものならばどんなものでも片っ端から、持って来てはふり出した」というのですから、あまりかわいがられているようには思えません。それでも豚は、それに十分慣れており、決していやとは思いませんでした。「ある夕方などは、殊に豚は自分の幸福を、感じて、天上に向いて感謝してゐた」ということさえありました。

でも畜産学の先生が来たときには、その態度に自分を食べ物としか見ていない様子を感じとりいやな気がします。

おれにたべものはよこすが、時々まるで北極の、空のやうな眼をして、おれのからだをじっと見る、実に何ともたまらない、とりつきばもないやうなきびしいこゝろで、おれのことを考へてゐる、そのことは恐《こわ》い、ああ、恐い。

豚はここで、たまらない気持ちになるのです。豚は自分が、食肉用として飼われていることは知っています。〝飼われるという状態を特にイヤとは思わずにいる〟と賢治は書きます。しかし、「北極の、空のやうな眼」で見られるのはたまらない。今ここにいるときに、生きものへの眼差《まなざ》しが感じられないのは恐いのです。生きものへの眼差しという言葉には、むずかしい課題がたくさん入りこんでおり、この物語を通して考えたい大事なテーマです。

フランドンという名の農学校のある国がどこにあるのかはわかりません。ただ、あるとき、その国の王様が「家畜撲殺同意調印法」を発令したのです。〝家畜を殺そうとする者は、その家畜から死亡承諾書を受けとること。その承諾書には、家畜の調印が必要であること〟というのが法律の内容です。フランドン農学校の豚も調印しなければなりません。

このあたりから胸がざわつき始め、気持ちよく読み進めるというわけにはいかなくなります。今、医療の世界で「インフォームド・コンセント」が話題になっています。手術のときなどにその効果と危険性についての説明を受け、それを承知のうえで手術を選択しますという意思表示を求められるもので、体験なさった方も少なくないのではないでしょうか。

先日、友人から電話がありました。がんが見つかって手術をしなければならないのだけれど、「この方法は何％の危険度があります。この方法は治癒率何％です」という数字を見せられて、自分の判断で選ばなければならず悩んでいるというのです。全体として見れば％（パーセント）

で出てくる数字に意味があるわけですが、これから手術を受ける一人の人間の悩みは数字で解決できるものではありません。極端な場合、生きるか死ぬか、つまり〇か一〇〇かの選択であり、どうしても悪い方になった場合を考えてしまいます。どう判断するか、とてもむずかしい話です。

私も小さな手術でしたが、書類にサインしたときには、自分のいのちについては自分で責任をもつのだと思って緊張したことを思い出しました。万一のことを考えてちょっと恐くなったときの気持ちは忘れられません。友人の場合、とてもよい先生であることがわかっていたので、信頼して書類を出すつもりではいたようです。でもやはりどこか不安。こんなとき、友だちと話すのも気持ちの整理の助けになるのでしょう。理屈じゃないのです。

賢治がこの物語を書いたのは、医療の世界で医師が絶対とされていた時代であり、インフォームド・コンセントという言葉さえ医療の現場にはなかったと思います。そんなとき、殺される者に同意を求めるという発想がどのようにして生まれたのでしょう。しかもそれを豚の撲殺という場面にもってくるのですから、驚きを越える話です。

物語とはいえ、「家畜撲殺同意調印法」とはとんでもない法律であり、このために豚がどれほど苦しむか。やってくるのは同意を求める人間ばかりで、自分の悩みを同じ立場で考えてくれる仲間もいないのです。この国はどんな国で、王様はどんな人だったのだろう、と思わずにはいられません。本当につらい話です。

話は進みます。法律が出されたところで、校長先生が書類をもって豚のところへやってきます。実はすでに一度来ているのですが、気持ちがおちつかなかったのでしょう。そのときは証書を出しそびれたので、今回は二度目です。校長先生は、〝内々に相談がある〟と言って搦《から》め手から攻め始めます。

「実はね、この世界に生きてるものは、みんな死ななけぁいかんのだ」（…）**「だからお前も私もいつか、きっと死ぬのにきまってる。」**

どんなふうに話されたとしても、豚は死ぬのが恐ろしいので、声がかすれて返事も何もできません。ここで校長先生は、〝学校ではできるだけ大事にお前を養ってきたのだ〟と言ったうえで、

「でね、実は相談だがね、お前がもしも少しでも、そんなやうなことが、ありがたいと

云ふ気がしたら、ほんの小さなたのみだが承知をしては貰《もら》へまいか。」

と話しかけます。豚はここでも返事ができません。見せられた紙にはこうあります。

「**死亡承諾書、私議永々御恩顧《ごおんこ》の次第に有之候儘《これありそうろうまま》、御都合により、何時《いつ》にても死亡仕《つかまつ》るべく候　年月日フランドン畜舎内、ヨークシャイヤ、フランドン農学校長殿**」

もちろん校長先生だってつらいのですが、気持ちを抑えて、〝前脚の爪印《つめいん》をちょっと押すだけのことだ〟と言います。でも豚は、〝一人で死んでいくのはいやだ〟と泣き、承諾書は校長先生のポケットに戻ります。二度目も事は進みませんでした。

豚は悲しくてどんどんやせていきます。そこで農学校の教員たちは肥育器を使って、むりやり豚を肥らせます。ときには助手が、「少しご散歩はいかがです」などと言うときもあります。

このあたりは、人も動物も生きものとして生きることの中にあるつらさや恐さを見せつけられるところであり、是非読んでいただきたいと思います。結局校長が、むりやり豚に調印させます。そしてある日、雪の上に日が照る中で……。この先を読み進めようかどうしようかと悩みながら、ここはとことん賢治につき合うしかないと思って読んでいくと、しめくくりの言葉があります。

「一体この物語は、あんまり哀れ過ぎるのだ。もうこのあとはやめにしよう」。本当に哀れすぎます。ここでは、生きることを考えるとき、もっとも基本的な食と死という課題を正面から扱っており、生命誌として考えなければならない内容と言葉が並んでいます。引用して、一つひとつ検討していかなければならないことが次々に出てくるのです。

けれどもそれがどうにも哀しすぎて、引用がはばかられます。週のうちのどこかで豚肉を食べない日などありません。ですからこれは私と豚の間の問題でもあるわけで、無視はできません。少しずつ考え続けることをお約束して、賢治と同じように、「今はやめにしよう」としか言えないことをお許しください。

「食べる」から、いのちを考える

ところで、この物語にはときどき、「大学生諸君」というよびかけが入っています。これから社会へ出ていく若い人たちに向けて語る形になっているところに、賢治の思いがあるのではないでしょうか。私たちは生きものであるがゆえに、いのちの大切さを知りながら生きもののいのちをいただかずに暮らすわけにはいきません。これをどのように受けとめて、どのように生きるか。菜食を選び、豚のいのちはいただかずに暮らすことで、心を休めるという選択があります。賢治もこの選択をしています。

『ビジテリアン大祭』という、これも賢治特有の内容をもつユニークな作品がありますが、生命誌の立場からは、「野菜も生きものですよ」と指摘せざるを得ません。生命誌は、すべての生きものが同根であり、生きているという点ではすべての生きものに同じ価値を見ますので、菜食ならよしとしてすませるわけにはいきません。むしろ、ここで賢治が言う「哀れ過ぎる物語」を踏まえたうえで、いのちと向き合うしかないのです。

「あんまり哀れ過ぎる」と言いながらも、このだれも思いつかないような話を書いた賢治が、どうしても豚の立場になって表現をしたかった気持ちをおしはかることはできます。では私自身でこれを書くかと問えば、答えはノーです。ここに賢治の特徴があります。

私たちはつねに、人間の立場でものを考えます。あたりまえと言えばあたりまえ、そうでなければ、あまりにもめんどうなことが多くて食事一つできなくなってしまいます。でもこの物語を読んだ以上、私たちも賢治と同じように一度は豚、つまり食べものの立場になって考えてみなければならないのではないでしょうか。

人間は野生動物を家畜として飼育しました。工業社会の中では、農業は自然に近いものととらえられ、「人間は生きものである」という生命誌の視点に近いように見えますが、実際は、野生種を自分の都合のよいように変化させ、飼いならしています。植物は栽培し、動物は家畜化して。ペットも私たちの生活の中で大きな部分を占めています。

これが自然を支配するという意識の始まりであり、現代の地球規模での自然破壊にまでつながる人類史の始まりである、ととらえる人が近年増えています。しかも、人間もいわば飼いならされ家畜化してきており、生きものとしての能力を失いつつあるという見方も生まれていま
す。賢治の中には、この感覚の先取りと、それをよしとしない価値観が感じられます。

家畜といっても、人間の生活とのかかわり方は、それぞれ異なります。馬は主として作業に活用しますし、牛は作業もすれば乳牛もあり、もちろん肉牛も、と多様です。その中で、豚は食用専門です。それだけに、馬や牛よりもその立場に立つことがむずかしいのですが、ここで賢治はあえて豚に着目し、食べるというもっとも日常的な、だれもが行なっていることを通して、いのちを考えることを求めているのです。

農業高校の豚と出会う

ここで、私はある農業高校での体験を思い出しました。夏休みに先生にお会いするために学校を訪れたところ、校舎の外に大勢の生徒さんがいました。夏の強い日射しが反射する、人っ子一人いない校庭を思いうかべていましたので意外でした。先生に伺うと、「毎日こんなふうですよ。生きものを相手にしているので休むわけにはいかないし、生徒たちは喜んで登校しているんです」と説明してくださいました。

長靴をはいた女子生徒たちが、豚舎のお掃除をしています。近づいていくと一頭の豚が、私の方に近づいてきてシッポを振ってくれました。ふだん道を歩いていると、散歩中の犬がシッポを振ってくれることはよくあります。仲間と思われているのかしらと気になるくらい、犬の方が近寄ってくることがしばしばです。でも豚さんにシッポを振られたのは、後にも先にもこのときだけです。

きっと、いつもかわいがってもらっているので人なつっこいのでしょう。この豚はフランドン農学校の場合と同じように食肉用として飼われているものであり、生徒さんたちはいつか食用として送り出さなければならないことを承知でかわいがっているのです。しばらく豚舎の脇で見学をし、豚にこのように向き合える生徒さんたちに頭が下がりました。すばらしい。ここでは承諾書は不要です。

それにしても、生きることの基本に食べることがあり、食べものとなるのは仲間である生きものそのものだというしくみを、このような形でつきつけられるのはつらいものです。けれど事実として受けとめ、これからの食のありようを考えることから逃げるわけにはいきません。

日常では食事は楽しみであり、親しい人と食事をともにしたいと思うように、食事は生活の中の明るい面に位置づけられます。それを大事にしながらも、食の基本を考えることを忘れてはならない。豚を通して、現代社会が野放図に拡大していく姿の見直しの大切さを教えられました。食生活について考えることは、食糧問題について考えることにもつながります。

ここでは細かく触れる余裕はありませんが、今後の食糧問題への一つの解決策として、植物タンパク質を用いた合成肉、筋肉細胞を増殖させた肉の開発や使用などが少しずつ現実化しつつあります。技術としては可能でも、経済性や人々の受容などまだ解決しなければならない問題があります。食はまさに日常であり、賢治の心の奥底から生まれた悩みを受けとめて、今、私たち一人ひとりが自分のこととして考えなければならないことです。

5 『セロ弾きのゴーシュ』――自然の中でこそ得られるもの

「人間は生きものである」ということを基本に置く生命誌を切り口に賢治の物語を読んでいる中で、『フランドン農学校の豚』に出会い、少しつらくなりました。そこで、少し気持ちを安らかにしようという思いもあって、『セロ弾きのゴーシュ』を開きました。あまり生き方が上手とは言えないけれど、音楽とともにあるゴーシュとしばらくつき合います。

このお話は、賢治作品の中でも『銀河鉄道の夜』や『風の又三郎』と並んで、もっともよく知られているものの一つです。書き出しです。

・

ゴーシュは町の活動写真館でセロを弾《ひ》く係りでした。けれどもあんまり上手でないという評判でした。上手でないどころではなく実は仲間の楽手《がくしゅ》のなかではいちばん下手《へた》でしたから、いつでも楽長にいじめられるのでした。

賢治作品としては、とてもあたりまえの設定ですが、セロを弾く、上手でない、上手でない

「生命誌版　セロ弾きのゴーシュ」
（2014年初演、巻頭口絵参照）

どころかいちばん下手、という流れのリズムが音楽にかかわる話の始まりにふさわしく感じられて好きです。ただ、だからいじめられるという言葉が出てきた途端にピッと反応してしまったのは、陰湿ないじめが現在の社会問題になっているからでしょうか。

いじめが原因で子どもが自殺するのは、なんとしても防がなければなりません。でも、そこで校長先生が、わが校はいじめはゼロにしなければならないと動き始めたら危険です。虔十はいじめられる存在だけれど、価値がないのではなく、むしろ本当の賢さをもっているのだという『虔十公園林』を思い出してください。おとながこれを認識し、子どもたちのいじめを一つの成長段階として導いていくことが生きものとして必要な過程です。ですから、いちばん危険なのは、いじめが存在しているのにゼロとすることです。現実を見ずに、子どもの成長を助けるという教育の基本を放棄しているのですから。しかも、ゼロという数字にこだわるのは、生きているものに向き合っていない姿勢です。

生きものを生きものとして見ていれば、すべてよしでもなければ絶対ダメでもなく、みんなある意味で適当なところに納まっていることがわかります。困ったこと、おかしなことをすべてなくそうとしたら、生きものはどれもいなくなってしまうでしょう、もちろん人間も含めて。適当なところに納まっていると言うと、いい加減に思われるかもしれませんが、一つひとつの生きものは懸命に生きているけれど完璧はないということです。

いじめもそんな中にあるのです。つまり、ここでも人間は生きものという感覚をもっているかということが問題になります。ここには、だれもがこうしなければならないという絶対の基準はありません。ここは宮沢賢治と生命誌がピタリと重なるところです。ですから、読んでいると、あちらこちらに、そうなんだよなあと思えるところが出てきてうれしくなるのです。

「セロがおくれた。トォテテ　テテテイ、ここからやり直し。はいっ。」(…)「セロっ。糸が合はない。(…)」

練習中はいつもこんなふうに楽長に叱られます。続いて、

じつはゴーシュも悪いのですがセロもずゐぶん悪いのでした。

とあり、ゴーシュのちょっと気の毒な状況が見えてきます。

この一言に賢治の社会批判の一端が見えます。これを書いている今、新型コロナウイルスのパンデミック状態で、子どもたちが登校できずにいます。そこで、子どもたちが家にいてオンラインで勉強するという、これまでにない状況が生まれ、それによって家庭環境による差が顕在化し、学力に影響することが懸念されています。「セロもずゐぶん悪い」という状況は、社会がいつも抱えている問題です。

賢治は、岩手県の花巻で古着商や質屋を営んでいた両親のもとに生まれました。農家の多い中で商家である実家は比較的豊かであり、恵まれた生活を送っていたわけです。長男でしたから、当時としては家業を継ぐのが当然でしょう。でも賢治はそれをしませんでした。一つには、子どものころから岩石を始めとして自然に強い関心をもっていたので、それを生かす仕事をし

たかったからでしょう。もう一つは、周囲の農村の人たちが懸命に働いていながら貧しい暮しをしなければならない状況を見て、商家で何不自由のない毎日を送ることにどこかおちつかない気持ちをもっていたのでしょう。石ころ大好きに始まり、人間以外の生きもの、花、そして山や川という自然と一体化した感覚をもち、そこから、何が優れて何が劣るというような差別意識を嫌う気持ちが生みだされていったように思います。これはまさに私が生命誌からもらった感覚であり、賢治の作品に生命誌を感じる所以《ゆえん》です。

「セロもずゐぶん悪い」という言葉から読みとれる、貧しさゆえに自分のもつ能力を思いきり発揮できない状況に置かれる悲しさ。それは、賢治の時代の東北の零細な農家が、つねに冷夏や台風などの災害に襲われ、現在のような科学の知識もない中で苦労していた様子を思わせます。賢治は長ずるに及んで盛岡高等農林学校に入学して地質学、土壌学など得意なところも含めて農業を学び、農家の応援をします。賢治と農業については、第二章で詳しく触れます。

ところで、社会の近代化を推進した技術改革は農業にも及び、太平洋戦争後の社会は都会でも農村でも極端な貧しさのない状況に移っていきました。私はたまたまそのような、民主主義が少しずつ根づき一億総中流と言われる時代を生き、差別意識の少ない暮らしやすい社会を楽しんだ運のよい世代です。この体験は私の原点です。

ところが二一世紀になって、新自由主義と金融資本主義が世界を覆い、一見豊かな中での極端な格差が生まれてきました。心がザワザワする、生きづらい世の中です。私のように経済、政治に疎《うと》い人間でも、子どもの七人に一人が満足に食事がとれていないという現実を見れば社会のありようを考えずにはいられません。全体として豊かとされる社会であるだけに、一層この貧しさはつらいものです。これに直接向き合わずに、政治や経済を語られても空《むな》しくなるばかりです。「セロもずゐぶん悪い」とは、「今日はお昼ご飯が食べられない」という形で今の社会に現れています。子どもに思いきり生きる力を与えていない、そんな今の社会を変えたいと思うのが自然でしょう。

水車小屋の一杯の水

ゴーシュがその「粗末な箱みたいな」悪いセロを抱えて帰るのは、「町はづれの川ばたにあるこはれた水車小屋」で、まわりには小さな畑があります。賢治は、「その晩遅くゴーシュは何か巨《おお》きな黒いものをしょってじぶんの家へ帰ってきました」と簡単に書いていますが、「町の活動写真館」と自然の中にある「こはれた水車小屋」の対比が、生命誌としてはとても重要です。ゴーシュが背負っているのは、セロに違いありませんが、賢治はここで「巨きな黒いもの」と書きます。ここには、水車小屋本来の姿とは合わないものが持ちこまれたというメッセージが込められていると私には感じられます。「巨きな黒いもの」は少し不気味ですから。

町の活動写真館は、音楽のできの良し悪しで評価され、できない者はダメ人間とされる社会であり、現代社会はまさにこれです。一方水車小屋は、どんなにみすぼらしくてもまわりに小さな畑があってトマトやキャベツがとれ、その外側にはもっと大きな自然があり、ほっとできる場所なのです。生きものとして存在できる場と言ってもよいでしょう。

疲れて水車小屋に帰ってきたゴーシュは、毎晩まず水を「ごくごくのんで」、おちついたらセロの練習をします。小屋にやってくる三毛猫、かっこう、狸《たぬき》の子や野ねずみ親子から思いがけず音楽の本質を学び、最後にはアンコールを受ける演奏ができた、というのが物語のあらすじです。生きものたちとのやりとりが興味深く、楽しいお話になっています。

賢治のお話の中にはさまざまな生きものが登場します。『どんぐりと山猫』『鹿踊りのはじまり』『なめとこ山の熊』『土神ときつね』『オッペルと象』……。順不同に思いつくままを書き並べたのですが、まだまだ続けられます。そしてほとんどの物語で、それらの動物たちは「生と死」とか、人間と動物の関係から見えてくる「人間社会のもつ文明と未開」のような大きなテーマを考えさせる、少し重い存在として登場します。

それに対して、ゴーシュの小屋にやってくる動物たちは、いきいきとした動物そのものです。かっこうはカッコウカッコウと歌ってドレミファを練習し、狸は小太鼓を叩いてリズムをとり、「ゴーシュさんはこの二番目の糸をひくときはきたい〔奇態〕に遅れるねえ。なんだかぼくがつまずくやうになるよ」と素直でかわいいのです。しかも、そこからゴーシュが音の本質を身につける、つまり自然との感応が本物の音を引きだすというすっきりした話です。

このすっきりした展開は、賢治の作品としてはちょっとめずらしいかもしれません。自然の中の人間を考える生命誌としては、これこそうれしいありようで、この動物たちとのやりとりは素直に楽しめます。

私は、二〇一一年三月一一日の東日本大震災の後に、なぜか宮沢賢治が読みたくなり、『セロ弾きのゴーシュ』も、よく知っているお話だけれどと思いながら読み直しました。そしてはっとしました。これまで、なにげなく読んでいたところに引っかかったのです。

ゴーシュがうちへ入ってあかりをつけるとさっきの黒い包みをあけました。それは何でもない。あの夕方のごつごつしたセロでした。ゴーシュはそれを床の上にそっと置くと、い

きなり棚からコップをとってバケツの水をごくごくのみました。

ここの「水をごくごくのみました」という文章がなぜか気になったのです。読み進めると、毎晩、町から帰ってきて家に入ると、必ず「水をごくごくのむ」と書かれています。これは、町というあまりゴーシュには合わない、競争のある生活の場から、自然の中にある自分の家に入るときの一つの儀式なのではないだろうか。ふとそう思いました。「巨きな黒いもの」として描かれた包みから取りだされ、床に置かれたセロも儀式を儀式たらしめています。

儀式を終え、自然の中での行為としてセロを弾き始めると、そこにいる動物が、自分たちの仲間として音楽を創るゴーシュに思いを伝えるのです。そう気づくと、毎晩起きるちょっとした騒動から読みとれる自然からのメッセージは、ときにユーモラスでありながら本質的であることが見えてきます。どの動物も一筋縄ではいかず、かっこうが暴れまわってガラスにぶつかってけがをするところまで含めて、それぞれがその生きものらしい存在として描かれています。そこにいるのは、人間であるゴーシュにとって異質の存在ではなく、心配している身内であるのは賢治の動物観からくるものでしょう。

このやりとりの中には音楽について考えさせる場面がたくさんあり、さまざまな評論も書かれています。それはそれで興味深いのですが、ここは「自然の一部としての人間」という生命誌の切り口で読んでいきます。

町の活動写真館でセロ弾きとして評価されなければならないゴーシュは、まさに現代社会に生きる私たちの姿です。職場で上司や同僚の目を意識しながら送る緊張の日々を思い起こさせます。そこでゴーシュは、あまりうまく振るまえません。これも私たちが悩む姿と重なります。でも家に帰ると、そこは華やかな町から遠い、粗末な小屋ではあっても、自然の中にあり、本来の自分とリズムの合う場です。さあそこへ入っていくぞ、水をごくごくのんで。こうしてゴーシュは、自分らしくなります。生きものとしての人間になるのです。もちろん家でセロを弾いても思うようにいくわけではなく、口惜《くや》しがったり怒ったりすることも少なくないのですが、でもそこには本来の自分がいます。

分散型社会の可能性

現代を生きる私たちは、夜になっても自然の中へ帰ることがむずかしく、キラキラ光り続ける町の中で暮らすしかありません。うまく生きられないままに、また次の日へと身を運ぶのです。これを続けていて大丈夫なのかしら。心配です。三〇年ほど前に生命誌という新しい知へと私を動かしたのはこの心配であり、正直、その気持ちは五〇年前から続いています。一直線に進む進歩の先は明るくは見えません。現代社会のありようを考え直すギリギリのときではないか、というのが今の気持ちです。

そう感じていたところ、新型コロナウイルスのパンデミックという状況になり、人間が密集し、その中で競争に明け暮れる生活を送りにくくなりました。朝起きて満員電車に乗り、夜はお酒を飲みながらこれからの仕事の話をするという、これまであたりまえと思っていた日常が感染拡大につながるからです。仕事を続けるにはどうするか。もちろん、医療従事者や、さまざまなサービス業など、エッセンシャルワークとよばれる生活に必要不可欠な、そして人と接触せざるを得ない職種の人々は、不安と不自由を強いられながら、なんとか仕事を続けています。一日も早い感染の収束を願うばかりです。その一方で、都市部のオフィスワーカーは、テレワークなど新しい技術をフルに活用することによって、新しい生活スタイルを組み立てていくことになりました。

実は、技術としてはすでにテレワークの可能性は指摘されていたのですが、私たちは慣習から抜けるのが苦手で、テレワークを試みる人は多くはありませんでした。追いこまれて始まった生活スタイルですが、これまでどれほど必要性が指摘されても実現できなかった分散型社会への道が開かれたように思います。ここで日本列島の自然を生かし、その中で上手に生きることに豊かさ、幸せを見出す方向に転換できる一つの可能性が生まれたのではないでしょうか。

私たちも「水をごくごくのんで」、自然の中に入る道を選べるとして、一極集中で進めてきた社会を分散型に変える好機です。そこから新しい生き方が生まれ、ゴーシュが自分の音をつかんだように、私たち一人ひとりが自分のやりたいこと、できることをつかみ、アンコールを求められるようになれたら楽しいのではないでしょうか。

生命誌で「人間は生きもの」と考えていると、外から求められたり指令されるのではなく、自分の内からの求めとして分散型社会が浮かびあがります。北海道から沖縄までの一都一道二府四三県、どこも魅力ある場です。それぞれの土地に魅力的な自然、文化、暮しがあり、名産の食べものを思いうかべると、すぐにでも味わいたくなるものばかりです。

生活の基本は何といっても食べることであり、その土地を生かした作物を自分たちでつくりおいしくいただくことを基本に、そのうえで外からのものも楽しむ多様な食があることが、毎日を豊かに安定したものにするでしょう。賢治の思い描く「ほんたうの豊かさ」と「ほんたうの幸せ」は、このようなところから始まるのではないでしょうか。

ここで、簡単な計算をしてみます。日本の総人口、約一億二千七百万人という数字を、一都一道二府四三県を含めた四七という数字で割ってみます。答えは二七〇万人。つまり各都道府県に二七〇万人ずつが暮らす日本列島を思いうかべることができます。現在の実人口では広島県、京都府がこれにもっとも近い値です。人口七〇～八〇万の中心都市があり、人口一〇万～三〇万程度の都市がその周囲に点在し、さらにまわりには農業、漁業、林業など一次産業を営む町村が広がるという、暮しと文化の充実した地域がイメージできます。

地域を支えるのは一次の農林水産業ですが、暮しのためには医療（健康）、教育、文化を支えるシステム、さらには新しい産業も必要です。現在の一極集中は、とくに医療、教育、文化の面での集中であり、各地域で同じレベルを保つのはむずかしいとされているからです。けれども今や情報社会であり、事実、コロナウイルス感染拡大抑制のために、密な接触が不可能になったところでやむを得ずではあっても、オンラインで授業やさまざまな文化活動が行なわれました。

小学校から大学まで通学できない間、教える側も学ぶ側も新しい方法に挑戦し、ときには楽しんだのです。もちろん人と人との直接のかかわり合いは大切で、それでなければ得られないことはたくさんありますから、オンラインはあくまで上手に使いこなすツールの一つですが、これを上手に活用すれば教育の地域差を少なくし、分散型社会が可能になるでしょう。

医療は教育以上に人と人との接触が大事ですが、オンラインでの情報交換だけではなく遠隔操作による手術など、地域差を少なくする技術はかなり開発されていますし、これからその方向の技術は確実に進むでしょう。

テレワークは大勢の人が体験し、可能性が大きく見えてきました。印鑑を押すために出社しなければならないという日本の商活動の中で、これまであまり気にせずに行なってきたことの非合理性が浮き彫りになるなど、興味深い現象もありました。小さなハンコですが、社会のありようを考えさせます。私のように平凡な名前ですと、同じ名前のハンコはどこにでもあって、署名の後にこれを押すことにどれだけの意味があるのかと思うことが以前からよくありました。

八〇万都市があれば文化施設は十分持てるでしょうし、それぞれの地域に特徴ある文化が育ち、さらに地域間での交流が盛んに行なわれる様子を想像するとわくわくしてきます。もちろん新しい産業も、それぞれの地域を活性化するはずです。

以前は地方に暮らすということは、その土地のしがらみに縛られ、外との交流も少ない暮しを意味しました。けれども今は違います。「私の暮しに最適な場はどこか、暮らしてみたいところはどこか」と、さまざまな可能性を探りながら暮らす場所を決めることができます。そして北海道にいる人が、今、自分にとってもっともよい場所は沖縄だという状況になったら、そちらに移ることもできるのです。ここでは現在の一極集中からの分散を考えていますので、動きは日本列島の上としましたが、もちろん世界中のあらゆる地域が、今、最適の場として選ぶ対象なのです。

東日本大震災で自然とのかかわりが変わり、新しい生き方をつくりだす機会だと考えた人は少なくありませんでした。でも現実にはそれはとてもむずかしく、相変わらずお金と権力を志向する競争社会、一極集中型の社会が日本では続いています。

そして今度は、新型コロナウイルスという人間が生きものとして生きることに深くかかわる登場者によって新たに問題が起きたのです。生きものとして生きることを生かすには、これ以上の好機はないのではないでしょうか。ゴーシュの水飲みを儀式と読みとるところから、現代社会の大きな転換をイメージしました。賢治が思い描いていた暮しは、きっとこのようなものだったに違いないと思いながら。

6 『植物医師』——農民の底力

この作品は、劇の台本になっています。一九二〇年代、盛岡市郊外の爾薩待《にさったい》正《ただし》という植物医師がペンキ屋に病院の看板を作ってもらい、開業したところから話は始まります。

この「植物医師」という言葉、他では聞いたことがありません。もっとも「動物医師」という言葉もありませんが、国家試験と農林水産大臣からの免許が必要な「獣医師」は実在します。獣医師が対象にするのは家畜、ペット、動物園にいる動物などで、獣という文字がついてはいますが、鳥やカメなども具合が悪くなったら診察します。けがをした野生の動物が運びこまれる話もよく聞きますし、動物のお医者さんはおなじみです。

最近は、観光地の名物の桜など、老木になって花がつきにくくなったり、枯れかけたりした状態を診る樹木医がありますが、これには国家試験はありません。

植物だって具合が悪くなるだろう。だったら植物医師があってもよいはずだ。賢治がそんな気負った気持ちで考えだした言葉でもなさそうです。なんとなく自然に出てきた言葉でしょう。それが賢治の自然への向き合い方であり、また、生命誌との重なりを感じさせるところです。

医師を必要とするのは、もちろん具合が悪くなった個体（人間だったり動物だったり）です。けれどもそれと同じくらい医師がいないと困るのは、病気になった人の家族、ペットの飼い主など、具合が悪くなった生きものを大切にして暮らしている人たちです。

賢治が植物医師という存在に思いいたったのは、まず、植物も生きものとして見ているということがあるからでしょう。そして植物を気遣うのと同じくらい、またはそれ以上に植物の具合が悪くなると生きていくうえで困る人……とくに農民のことを気遣って、このような存在を考えだしたのではないでしょうか。当時、東北地方の農家は厳しい自然環境の中で毎日つらい労働をし、しかも日照りや冷夏など、自分の力ではどうにもならない原因で十分な収穫が得られない年が少なくありませんでした。自分の家は商家で経済的に恵まれていることに、いつも引け目を感じていた様子が見られる賢治が、農民が幸せでいてほしいと強く願っていたことが言葉の端々に感じられます。

実際に、盛岡高等農林学校で学び、その後県立花巻農学校の先生となった賢治は、「わたくしが岩手県花巻の農学校につとめて居りました（…）この四ヶ年はわたくしにとってじつに愉快な明るいものでありました」（『春と修羅』第二集　序）と語っており、喜んで仕事をしていた様子がうかがえます。職場としての安定性もあったでしょうが、農業を志す若者に自分が大切と思っていることがらを伝えることが心をおちつかせたのでしょう。著作にも励んでいます。『注文の多い料理店』や『春と修羅』の出版はこの時期です。

ただ、ここが賢治の賢治らしいところなのですが、三〇歳になる直前に、教え子である杉山芳松あてに「わたくしもいつまでも中ぶらりんの教師など生温《なまぬる》いことをしてゐるわけに行きませんから多分は来春はやめてもう本当の百姓になります」という手紙を書いています。

すぐに役立つ実業に直接かかわっていないという後ろめたい気持ちは、研究者という選択をした私にもあります。東日本大震災のとき、これは私たち日本人、もう少し広くいうなら人間すべての生き方を問われているのであり、何かをしなければいけないと思いましたが、義援金を送る程度のありきたりのことしかできませんでした。福島県を中心に多くの人が被害を受けているときに、直接力を貸せない自分がもどかしくて悩みましたが、結局、自分が大切と思っている生命誌を真剣に考え続けて、できることをやっていくという選択をしたのでした（この気持ちを『科学者が人間であること』〔岩波新書、二〇一三年〕に書きました）。

賢治には、「生ぬるいのはわかっていても、あなたは先生としてあなたにしかできないことがあったのではないでしょうか」と言いたいのが本音です。ただ〝先生を辞めたい〟という手紙の最後には、「そして小さな農民劇団を利害なしに創ったりしたいと思ふのです」とあり、これは賢治でなければできないことだと思います。事実、賢治は理想の具体化をめざして「羅須地人協会」を設立しています。私が生命誌を「研究館」というこれまでどこにもない場を創って考えたいと思ったことと、賢治がこのとき夢見たことには重なりを感じます。

羅須地人協会

1926年、賢治が農民たちに農業技術や農業芸術論などを講義するために設立した。

東日本大震災の後、生命誌として何をやるかを考えるための一つの手がかりに賢治を読むと同時に、花巻にある「羅須地人協会」を訪れたのは、ここに学ぶものがあるはずだと思ったからです。このときのことは、「水と風と生きものと」という映画（二〇一五年）にまとめましたので詳細は省きますが、今も置いてある賢治のチェロを見て、ゴーシュを思い出しました（専門家ではないのでわかりませんが、そんなに上等な楽器ではなさそうだと密かに思いながら）。賢治は、農業は生きる基本を支えるものであり、農民の暮しには科学も芸術もすべてがなければならないと思っていたのでしょう。そこで科学の目で肥料を設計して的確に与える必要を説く講座を行ない、農業の質を上げようとする一方で、レコード鑑賞会、子ども向けの童話朗読会を開くなど、農民の生活を文化的に豊かにしたいという願いを込めた活動をしています。そこに、賢治らしさがあります。ちなみに文化は英語でカルチャー（culture）、ずばり「耕作」と同じ言葉です。文化はその土地の自然とそこに暮らす人々がつくりだす歴史を踏まえて生みだされていくものであり、農耕と重なるのは当然です。農業と文化への関心は離れたものではありません。

私が生命誌を実行する場を研究所でなく「研究館」（リサーチホール）としたのも、生きているということを知るための知的活動とともに、生きていることのおもしろさを表現する文化と総称される活動が大切だと思ったからなのです。

JT 生命誌研究館の入り口

「羅須地人協会」の建物に入ったとき、だれもが知ること、表現すること、それを楽しむことがともにあってこそ農業が農業として意味あるものになるのだ、という賢治の意気ごみが空気の中を漂っていました。

自然を感じ、生きていることを楽しもうとしている点で生命誌研究館と同じ空気だと感じてうれしくなりました。

『植物医師』に戻ります。病院の看板を見て農民が一人訪れます。「おりゃの陸稲《おかぼ》ぁ、さっぱりおがら〔おがる＝大きくなる。成長する〕なぃです」。枯れ始めたので、どうしたらよいかという相談です。植物医師は、〝種を塩水撰《えんすいせん》（塩水に入れて選別する）したか、肥料はどうか〟などと聞きますが、どうも農民の方が経験豊かで、医師よりよくわかっていると思わせる会話が続きます。でも看板を立てた以上、医師としての判断をしなければなりません。顕微鏡をのぞき、「立枯病《たちがれ》ですな」と言うと、農民は〝どうも虫のような気がする〟と疑問を呈します。〝それなら亜砒酸《あひさん》がいちばんいい〟と説明をし、薬を売りつけて薬代一円、診察代一円を請求します。

また別の農民がやってきます。「陸稲ぁ、さっぱりおがらなぃです」という相談に、また亜砒酸を売りつけます。次も次もと続けて六人に同じ薬を売りつけ、半日で大儲けとホクホクです。そこへ、また一人農民が来たと思ったら、それは最初にやってきた農民で、「〔薬を〕かげだれば稲見でるうぢに赤ぐなってしまたもす」と訴えます。しかも、次々に現れる農民が皆同じことを言うのです。

中村桂子コレクション

月報 7
第7巻
（第7回配本）
2021年8月

目次

藤原書店
東京都新宿区
早稲田鶴巻町523

宮沢賢治と無主の希望

今福龍太

拙著『宮沢賢治　デクノボーの叡知』（新潮社、二〇一九）にたいして中村桂子さんが書いてくださった望外の書評に喜びがこみあげた。賢治のテクストを、研究の素材として対象化したり囲い込んだりせずに、私たちの「いま」に響く生命の内なる声として、一心に耳を傾けようとする同志がここにもいる、と知ったからだ。

中村さんもまた、東日本大震災以後の社会の混迷と知の行き詰まりのなかで、新たな希望への手がかりを求めるように、宮沢賢治を読み直そうとした一人だ。賢治の生まれた年にも、途方もない死者を出した明治三陸大地震・大津浪が起こっている。東北、この、地震や津浪だけでなく噴火や冷害などによっても絶えざる苦難を強いられてきた大地に生を受けたひとりの謙虚な思索者が生み出してきた言葉は、百年の時を超えても私たちの今の困難をまっすぐ照らし出すにちがいない。宮沢賢治の言葉に耳を傾けてそれをみずからの内部で生きなおそうとした人々は、どこかで、機械的な合理性と資本の論理によって動いてきた現代社会の暴走が、人類に新たな脅威をもたらす可能性があると直観したのかもしれない。

達成目標を定め、競争の中でそれを実現し望みを遂げる現代の資本主義におけるこの「望み」は、欲望のことであって、希望のことではない。個人や組織の私利私欲から解放された「希望」とは、本来誰も私有したり占有したりすることのできない無主の希望であるべきではないか。私は、賢治の創造したデクノボーという形象を通じて、この「無主の希望」を探求しようとした。中村さんも、知は本来つつましいものである、ということを長年にわたる「生命誌」をめぐる独創的な仕事の中で説かれてきた。このつつましさ、謙虚さは、貪欲で競争主義的な社会のなかでは弱いものと映るかもしれない。だが、無主の希望の可能性はまさにそこに隠れている。

『野の道』というタイトルで内省的かつ文明批評的な宮沢賢治論を書いた詩人山尾三省の詩に「びろう葉帽子の下で」という連作がある。宮沢賢治の、土と農を基本とする生の思想に大きな感化を受け、屋久島に移住して大地を耕しながら思索＝詩作した三省の労働の場には、奄美大島の武骨な手が編んだ素朴なびろう葉帽子がいつもあった。真夏の日盛りのもと、じゃがいもを掘る彼の頭につつましい影をつくる半ば破《やぶ》れたびろう葉帽子。だがその帽子をかぶった瞬間、「敗《やぶ》れ去って行ったものの不思議の力がはじまる」と三省は書いた。このとき、敗れるという意味は競争的な勝敗原理の中での敗北のことからすっかり解放される。それは、生命のもつ不可避の生と死の理《ことわり》に根ざした日々の労働の営みの中で、使われ、ほころび、美しく破れていく道具たち、そして究極にはそのように生かされ、消えていく人間の身体と魂の豊かな消息のことを指しているからだ。つつましい知とは、この破れ（敗れ）ることをいとわない、むしろその「やぶれ」のなかに新しい不思議の力を見出そうとする知にほかならない。

中村さんも、デクノボーが体現する「賢さ」について考えながら、賢治が無主の希望として差し出す「本当の賢さ」の探求を生命誌の根幹に置こうとされているように思われる。私もまた、この謙虚な「賢さ」こそ現代の人間が「敗北」として捨て去ろうとしたものであるように思えるのだ。現代人が評価するのは「賢《かしこ》さ」ではなく「賢《さか》しさ」にすぎない。それは私的な欲望を実現するための狡知、競争社会を勝ち抜くための実利的で多分にあざとい知恵のことにすぎない。私たちの「賢さ」は、いつのまにかみずからを「ホモ・エコノミクス」として完成させるための『賢しさ』として技術的な狡知にすり替えられてしまったのだ。

ホモ・サピエンス、叡知ある人、という私たちの生命体としての学名に、知性という特権ではなく、デクノボーとしてのつつましい知の意味を与えなおすこと。人知には限界があり、森羅万象には知が届かない不思議が無数に存在している。その真理を諾《うべな》う「無知の知」こそを、私たちの新たな「賢さ」の出発点にしなければならない。

（いまふく・りゅうた／東京外国語大学名誉教授　文化人類学）

生きることは〝いのち〟の遣り取り

小森陽一

中村桂子さんとの媒《なかだち》を担ってくれたのは、宮沢賢治でした。私の住む多摩市の隣の日野市で、文学講座を開かせていただき、賢治の『注文の多い料理店』（一九二二）の所収作品についてお話をさせていただいていたある時、受講者の中の一人の女性が、編集者であることを示す名刺を差し出され、『中村桂子コレクション』が企画されていて、その賢治の巻の月報の執筆を依頼されたのでした。講座でお会いする際に、何度も念をおされました。

その後「コロナ禍」の中で、二年間日野の講座は開けなくなっていましたが、先日版元の藤原書店から正式な執筆依頼があり、桂子さんの賢治論を読み直しました。「中村桂子の宮澤賢治論」で一冊書きおろしたい気持ちをおさえて、月報の文字数に従って「第二章〝農〟の始まりから見直さなければ」―3『狼森《おいのもり》と笊森《ざるもり》、盗森《ぬすともり》』――農業をこんなふうに始めたら」の、ごく一部についての感想を述べさせていただきます。

『狼森と笊森、盗森』は、「四人」の「百姓」と、「おかみさんたちが三人」、そして「五つ六つより下の子供が九人」、新しい入植地に移住して来てから三年間のお話です。「四人《よったり》」の「百姓」たちはまず、「森」にむかって、「こゝへ畑起こしてもいゝかあ」と叫び、「森」が「いゝぞお」と「こたへ」ると、「こゝに家建ててもいゝかあ」と「又叫び」ます。桂子さんはこの場面を読み、「まず口を結んで目をつぶり、息を止め」て、「私たちの中から消えつつある大切なものを、賢治はよび戻してくれているのだと心に刻みました」と述べています。なぜならこの一連の呼びかけと応答は「男たちがやったことは、森に代表される自然への当然の礼儀」だからです。

「四人《よったり》の男たち」は、さらに「こゝで火たいてもいゝかあ」「すこし木貰ってもいゝかあ」と「森」に「たづね」

ます。「四人《よったり》の男たち」の「森」への四つめの依頼に事の本質が表象されています。「森」は盛り上がった地形の土地に、自然に多様な種類の樹木が生い茂ったところです。「森」を一つの身体に喩えるならば、「木」はその一部にほかなりません。「木」を「貫」うということは、それ自体個別の生命体である樹木を、切って殺すということです。そのことに気づくと「火」を焚くということは、殺した樹木を燃料にして燃やすという宣言になりますし、「家」を「建」てるには、やはり樹木を殺して材木にして、柱や屋根や壁にするということになります。「森」はそのすべてを受け入れたのです。

桂子さんは、入殖した人々の年齢と、家族構成にも注意を促しています。「男が四人、女が三人、子どもが九人という集団は、子どものいる夫婦三組と独身男性が一人ということでしょうか。それともおじいさんでしょうか」と問いかけたうえで、「賢治は小さな小さな村をイメージし、彼らが森に礼をつくしながら、新しい生活を始める姿を思い描いていた」と指摘し、翌年の秋、「狼森」の「九匹」の狼たちが「子ども四人」を連れ出したことについて、「まず子どもたちを隠し」たのは、「次の世代につなげていくには、もう少し森のことを忘れずにいるように、という警告」だと分析しています。

移住する前の村では、祖父母二人が土地を開き、二人から生まれた三人の子どもがそれぞれ結婚して、つまり六人になり、それぞれの夫婦が三人ずつ子どもを産み育てていて、祖母は他界した、という計算になります。急激な人口増加が、開拓移住の理由です。「森」の木々はその犠牲となり、「狼森」は適正人口を示したことになります。

しかし、「小屋が三《み》つになつた」（三組の夫婦が性交渉出来る住環境が木の死骸で作られたのです）ときの「森」の警告は伝わらず、翌年「子供が十一人になり」「馬が二疋来ました」。この年の収穫後、「笊森」の「山男」が、「山と野原の武器」である「山刀や本鍬や唐鍬」を隠してしまいます。

「笊」のカタチは竹や木の枝に編むという人間のかけた力に自然の側が反発し、つり合いのとれたところで決まります。これが自然のイノチと拮抗する人間の力をかけた、カタチをつくる編み、綯い、結ぶイトヘンの文化です。しかし鉄器は金属を火の熱で溶かして人間の思いのままのカタチをつくりイノチを奪うのです。桂子さんは「森は、農具という人間だけがつくり出し、使用できるもののもつ危うさに気づいたのです」と指摘します。

　そうすると「馬」が「三疋」となり各家族が別々に畑を耕す生産手段の私有が、「納屋のなかの粟」という生産物の私有となり、「盗森」の事件につながる、桂子さんの言う「農業がもつ危うさ」を賢治が「直観」していたことがわかるのです。


（こもり・よういち／東京大学名誉教授　日本文学）

中村桂子さんとアストロバイオロジー

佐藤勝彦

　一九九一年のある集まりで、中村さんから「JTの援助で生命誌研究館というのを設立しようとしている、その準備として研究会をやっているので、興味があるなら来ない？」とお誘いをうけた。しかし、生命科学の専門の研究者が集まり議論をする場に、まったく分野外の私などが出れば、全体の足を引っ張るばかりと思い、どうお返事すればよいのか躊躇した。私は物理学者として、物質的存在をすべて内包する宇宙全体の起源や進化を研究しているので、同じ物質ではあるけれど特異な進化をする生命系には強い興味はもっていた。中村さんの提唱する生命誌のお考えは、宇宙の進化を個別天体やその進化ではなく全体として宇宙を理解しようとする宇宙論と通じるところもある。中村さんから、この会は堅苦しい専門家の研究会ではなく、フランクに相互に思うところを語っていただく場なのだから、気楽に来てもらってよいのだと説明いただき、参加させていただくことにした。

　参加者は、それぞれの大学での用務が終わったころに東京・虎ノ門の生命誌研究館設立準備室に集まり、夕食を取りながら発表を聞き、発表に割り込みながら議論する。私の役割は、たぶん素人質問をして話を分かりやすくさせていただくことであったと思うが、ある時、話が私にとってはあまりにも細かになってしまったので、偉そうに「このような研究で、いったいどのような真理が得られるのか？」と聞いてしまった。その発表者は、すぐさま「生物学に真理などない、ただ調べることだけだ！」とおっしゃった。まさに現場で生命現象を調べ、その仕組みを懸命に調べておられる方の立場からすればその通りだ、私のような、理論物理研究者は、安易に真理という言葉を使いすぎると反省し、恐縮してしまった。しかし、私にはすべて新鮮で、この会には設立準備室が閉じられ終了する迄、ほとんど欠席することなく出席し、勉強をさせていただいた。

その後、東京での生命誌研究館の催しにもお声をかけていただき、また中村さんとの楽しい対談（『生命誌ジャーナル』二〇〇七年夏号「理論と観測が明かす宇宙生成」佐藤勝彦×中村桂子）までしていただいた。

中村さんに最もお世話になったのは、私が自然科学研究機構の機構長を務めている時代（二〇一〇～二〇一六）である。この機構は国立天文台、核融合科学研究所と岡崎の三研究所――基礎生物学研究所、生理学研究所、分子科学研究所から、そして幾つかのセンターから構成される大学共同利用機関法人である。中村さんには、経営協議会委員をお願いし、機構の運営に広い視野を持った研究者として機構運営にご示唆をいただいた。それに加えて機構内研究所の所長選考委員長、委員など重責も務めていただいた。

何をおいても中村さんにお世話になったのは、機構の中に「アストロバイオロジーセンター」を設立することについてである。大学共同利用機関法人は、既存の研究分野を超えて分野融合的新分野を開拓することが求められていた。私は生命誌研究館設立準備の研究会にお呼びいただいたことで、生物学の大ファンとなっていたので、機構長に任命されたときすぐに、宇宙研究と生命研究の融合の研究センターを作り、これによって日本の大学において今始まろうとしているアストロバイオロジーの研究の発展に寄与しようと決めた。

新たに研究センターを作るという予算申請を文部科学省に行うためには、周到な準備が必要である。直ちにひらめいたのは生命誌研究館準備の研究会と同じように関連研究者に集まっていただき、研究会を開き準備を進めることである。「宇宙と生命懇話会」を毎月一回の頻度で、生命誌研究館設立準備研究会と同じように、全国の研究者に集まっていただき、夕食を取りながらの研究会を始めた。もちろん中村さんにもメンバーとして加わっていただいた。四年にわたるその活動実績に基づいて文科省に予算要求を提出し、二〇一五年四月にはアストロバイオロジーセンターを設立することができた。

今、田村元秀センター長の下に全国の大学のこの分野に参入した研究者と共にセンターは多くの成果を出している。中村さんとの出会いがあって実現できたことを心から感謝している。中村さんの設立した生命誌研究館のますますのご発展を願っております。

（さとう・かつひこ／東京大学名誉教授、自然科学研究機構名誉教授　宇宙物理学）

籠を編む人

中沢新一

人間がやってきた有意義な行為というものを考えてみるに、それを大づかみに分類すると、「狩猟すること」と「籠を編むこと」という二つの型に分けることができるように思う。

「狩猟」では、目標を一定にしぼった探究がおこなわれる。例えば現実の狩猟の場合だと、それまで遠くのほうに何気なく眺めていた動物が、狩猟の対象とされた瞬間に、それまでひとつながりだった風景の中に、急に「追うもの」と「追われるもの」の区別が発生する。その上で、「追うもの」は確実に相手をたおすことができるような技術を考え発達させたり、つぎつぎと新しい戦術を巡らしたりする。

こういう「狩猟型」の探究は、近現代の科学技術において、全面的な展開をとげるようになった。近代科学以前にはまだ一体感のなかにあった人間と自然は、そこでは主体と客体に分裂をおこす。自然の謎を探ろうとする人間が、「追うもの」となり、自然の謎は「追われるもの」となって、暗い森の奥へと逃げ去ろうとするが、「追うもの」は技術や戦術をどんどん発達させることによって、相手を追い込んでいく。こうして獲得される科学的真理は、したがってもともとが「追われるもの」に仕立てられた自然を死の状態でおさえたもの、となる。

しかし人間のおこなう有意義な行為の中の、もう一つの型である「籠を編む」やり方では、全く違う思想が動く。籠を編むとき重要なのは、人間と自然の間に分裂をもたらさないことである。人間は植物のつるやほぐした繊維を材料にして籠を編む。完成品の状態を頭に思い描きながら、まだ素材で埋められていない空虚に新しい材料を正確に編み込んでいくやり方で、空間にフォルムを与えていく。

「編む」行為には、「追うもの」も「追われるもの」もいない。籠のフォルムをつくりなす植物素材の一つ一つは、すべて平等の存在価値をもっており、それらが互いに織り込まれていくことによって、そのつど空間の創造が実現されていく。小さな素材の一つ一つが、完成した籠の構成部分となって生き生きとした命を得ることのほうが大事で、狩猟のように動物の死体を、森から引き出してくることを目指してはいない。

私は、中村桂子さんの生物学者としての仕事を拝見するたびに、これはなんとすばらしい「籠を編む」行為としての科学ではないか、と感心させられてきたものである。アメリカを中心に二十世紀後半に巨人の歩みで発達した「ライフ・サイエンス」は、現代に実現された「狩猟型」科学技術の典型である。還元主義を武器にして、生命的自然を「追われるもの」として追いつめて、ついにゲノムの発見に至った。

世界中のほとんどの科学者は、「狩猟型」の探究の正しさを信じて疑わなかった。ところが日本人の生物学者の中に、少数ではあるが、「狩猟型」の探究だけが生命の本質にたどりつくための、唯一のやり方ではない、と考える人々があらわれた。この人たちは、「籠を編む」という生命研究の別の道があることを見出して、それに「生命科学」という名前を与えたのである。

その「籠を編む」型の生命研究である「生命科学」の思想を受け継ぎ、「生命誌」という新たな研究と展示法をとおして、その思想に確実な土台を打ち固める仕事をおこなってきたのが、中村桂子さんである。「籠を編む」型の思想は、「狩猟型」に代わって二十一世紀に発達するにちがいない科学思想である。中村桂子さんはそういう時代に向けて、まるで洗礼のヨハネのような仕事を続けてこられた。

（なかざわ・しんいち／京都大学こころの未来研究センター特任教授、千葉工業大学日本文化再生研究センター所長
思想家、人類学者）

「医者だなんて人がら銭まで取ってで人の稲枯らして済むもんだが」。そのとおりですから、責められた爾薩待医師はしょんぼりです。もっとやっつけてやれ、となりそうですが、そのうち意外な展開になっていきます。ここは、農民の言葉をそのまま引用します。土地の言葉だからこそ表現できる味わいがあると思いますので。

農民二（やゝあって）「いまもぐり歯医者でも懲役になるもの、人欺《だま》してこったなごとしてそれで通るづ筈《はず》なぃがべちゃ。」
爾薩待（いよいよしょげる）
農民二「六人さまるっきり同じごと言って偽《うそ》こぃでそしてで威張って診察料よごせだ全体、何の話だりゃ。」
爾薩待（いよいよしをれる）
農民一（気の毒になる）「ぢゃ、あんまりさう云ふなぢゃ、人の医者だて治るごともあれば療治後《おく》れれば死ぬごともあるだ、あんまさう云ふなぢゃ。」
農民三「まぁんつ、運悪がたとあぎらめなぃやなぃな。ひでりさ一年かゞたど思たらいがべ。」

農民四「全体みんな同じ陸稲だったがら悪がったもな。ほがのものもあれば治る人もあったんだんとも。あっはっは。」
農民五「さあ、あべぢゃ。医者さんもあんまりがをれないで折角みっしりやったらいがべ。」
農民六「ようし、仕方ないがべ。さあ、さっぱりどあぎらめべ。ぢぇ、医者さん、まだ頼む人もあるだあんまりがをらないでおでぁれ。」
農民二「さあ、行ぐべ。どうもおありがどごあんすた。」

〝どうもありがとうございました〟と終わる農民たちの会話からは、農業が日々自然と向き合うものであるがゆえに、そこから学びとるものがどれほど複雑かという現実が浮かびあがります。

最初はもちろん怒っているのですが、相手の様子を見て気の毒になってきます。最近のネット上での非難の様子を友人から聞くところでは（私自身は見ていませんので）、相手の様子を見て気の毒になるという状況はないようですね。目の前にいないので、対面以上に一方的に徹底非難になっていくのではないでしょうか。しかも日ごろ、生きものの複雑さと向き合うことがほとんどなくなり、お互いに豊かな想像力を育てる生活が消えていることも、思いやりの欠如につながっているように思います。

〝人間の医者だって死なせてしまうこともあるんだ。運が悪いと諦めないとな。日照りが一年続いたと思えばいいよ〟〝みんなで同じものを作っていたからいけないんだ。他のものも作っておけば治るものもあったんだよな。あっはっは〟です。こんなにあっさりしてよいのだろうかと心配になります。しかも六人全員が同じように言うのですから、長い間の農作業の経験が培った人生哲学なのでしょう。そして〝さっぱり諦めよう〟という言葉のその後に、〝お医者さんもあんまりしおれないでな〟と励まして帰っていく。この結末は、なんともいえず魅力的です。このような人たちばかりが暮らしている社会だったら、どんなにか暮らしやすいことでしょう。

農業は生きることの基本作業

私は都会で生まれ育ったので農業に携わったことはありません。ただ太平洋戦争のときに疎開をして、小学校四年生から六年生までを愛知県の海辺で過ごしました。そこは焼き物といっても瓦《かわら》やコンロなどの産地でしたが、農業や漁業を生業《なりわい》とする家もあり、お友だちの家へ遊びにいくと、家族皆で働いている様子が見えました。春の田植えと秋の稲刈りの時期、つまり農繁期には、小学生でも手伝いのために学校を休んでもよく、また、小さな弟妹を学校へ連れてきてもよいのでした。

もちろんわが家には田んぼなどありませんから、農繁期は無関係なのですが、仲間意識がもちたくて三歳の妹を学校へ連れていったものでした。妹は大喜びでしたし、とてもよい思い出です。私にとっての農業の魅力の一つは、家族が一つになって働いている姿です。子どもだって役に立つのです。生命誌は「人間は生きものである」というところに基本を置きますので、対象が生きものであり、しかも生産しているのが生きものにとって不可欠の食べものである農業には、強い関心を抱かざるを得ません。

けれどもそれだけでなく、土地に根づいた人々、とくに家族がともに働くところが「生きものとして生きる姿」を強く感じさせます。農業は、ものづくりが生きることと直結している魅力的な仕事であり、生命誌のテーマです。

賢治も同じような見方をしていたと思います。見方というより感じ方という方が当たっていますが、自分が納得のいく生き方を求めるなら農業だと思っていたように感じます。賢治といえばだれもが思い起こす、ちょっとベートーヴェンを意識しているのではないかと思わせる畑を歩く写真は、農業への思いをこめたお気に入りの一枚なのではないでしょうか。

賢治は一九二一年、二五歳のときに稗貫農学校（花巻農学校）の先生になります。定職につくのは苦手のところがありましたが、病気で東京から帰ってきた妹のトシに勧められたこともあってのようです。そこでの担当は、英語、代数、化学、土壌、肥料、気象、作物、農産製造と水田稲作実習とあります。農業と直接かかわる課目の他に、英語や代数、化学も教えていたのに、なぜか国語がありません。

畑を歩く宮沢賢治
花巻農学校の教諭のとき

賢治はこのころ書いた童話が雑誌に載ったり、「学校で文芸を主張して居りますする。芝居やをどりを主張して居りまする。けむたがられて居りまする」などという手紙を親友保阪嘉内《かない》に送っていることからわかるように、文学、芸術への思いを表に出さずにはいられなかったようです。農業を若者たちに教えることの大切さは感じながらも、やはり決まりきった内容を教えるという制度の中での行動は苦手だったのでしょうか。一九二六年、五年足らずの勤務で依願退職しています。

もっとも当時の生徒たちに聞くと評判は悪くないのですが、それは生徒たちの好きなイタズラを、先生である賢治の方が率先してやるというタイプだったからだというのですから、やはり、当時の社会が求めるいわゆる〝よい先生〟にはなれない、というよりなりたくなかったのでしょう。

退職後は宮沢家の別宅に暮らし、前述した「羅須地人協会」を設立します。自分が心から求めている農業教育と芸術活動とを一体化して行なえる場づくりです。近くの農村の若者に、技術とともに生き方を考えることを教える、まさに公の学校ではむずかしい教育の場です。私はここを訪れたとき、小さな部屋の一つひとつに賢治の思いがこもっていると感じました。これこそ本格的な農業を行なう場と賢治は考え、自分でも畑を耕します。例の有名な「下ノ畑ニ居リマス　賢治」という黒板が今もあり、意気ごみは見えるのですが、周囲には本格的農業人として受け入れてはもらえなかったようです。

農業はむずかしい。私は、賢治ほどにも農業に触れたことはなく、農業を生きることの基本作業として大事にしているだけなので何も言えませんが、賢治は本物の農民にはなかなかなれない人だったろうと思います。憧れれば憧れるほど周囲から浮いてしまったようにも見えます。考えれば考えるほどわからなくなっていくもどかしさも見えます。〝農〟の大切さ、しかし、それを本格的に行なうことのむずかしさを認識したうえで、社会の中に〝農〟が的確に位置づけられ、重視されなければならないという視点でこれからの〝農〟のあり方を考えていかなければならないと、このときの賢治の行動から学びとりました。私にとっては賢治以上にむずかしいことではありますが。

羅須地人協会の黒板

『植物医師』は花巻農学校時代に上演されたと資料にあります。子どものころから旱魃《かんばつ》や冷害に苦しむ農民を見ていた賢治は、このころから科学を生かした新しい農業を行なえるようにしたいと思い、肥料や薬の大切さを考えていたのでしょう。「羅須地人協会」で行なった肥料設計の講義では、田んぼの広さ、水がどれほどあるか、風はどう吹くかなどの他に、植える品種も細かく尋ねるなどたくさんの質問をし、それに対して、〝このような肥料をこのくらいやるとよいです〟というアドバイスをしました。かなりの成功もあったようですが、失敗もありました。『植物医師』の主人公にそんな自分を見ているのでしょう。

けれども残念なことに、一九二八年に結核性の肺浸潤《はいしんじゅん》を起こして実家での療養を余儀なくされ、その後やや回復しますが、一九三三年に三七歳の若さで亡くなるのです（その間も肥料に強い関心をもち続け、石灰を売る会社の支所をつくって働いたことも賢治らしいエピソードですが、ここでは話をそこまで広げずにおきます）。

もう一度、『植物医師』の最後にある農民たちの言葉を読み直してみると、農業は植物などに関する知識が少しある程度でできるものではなく、自然の中で生きる知恵の塊で動いているものであり、それは生き方とつながっていると改めて思います。

第二章

〝農〟の始まりから見直さなければ

1　農業について思うこと――農業は自然と向き合っているか

ここまで書いてきたところで、賢治の作品から離れてでも、〝農〟の問題を考えなければならないという気持ちになってきました。というのも、近年急速に人間にとっての〝農〟という課題が浮き彫りになり、現代社会がもつ問題の原点は農耕文明の始まりにあると言われるようになってきたからです。

生命誌は、「人間は生きものである」ということを基本に置いていますから、機械にとり囲まれ、自分自身をも機械のように見る現代文明の見直しを求めます。ここでいう現代文明とは、具体的には一七世紀にヨーロッパで始まった、科学を基本にした科学技術を利用するものを指《さ》します。これについては、第一章でも触れました。

ではそれ以前の社会はどうであったかを振り返ると、農耕文明になります。これは一万年ほど前に始まり、以来、衣食住という生活の基本を支えてきました。衣類は綿・絹・毛などといずれも生きものがつくってくれるものでしたし、住居も木やワラや土など生きものに近い素材でつくってきました。しかし現代社会では、衣類にも住居にも化学繊維やコンクリート、鉄、ガラスなどを主な素材として使うようになり、生きものに近い自然素材を直接用いることは少なくなってきました。つまり、自然から少しずつ離れていったのです。

けれども、どんなに社会の機械化や合成品の利用が進んでも、生きるうえでもっとも必要な食べものは生きものです。その生きもの（食べもの）を生みだす農業はどうしても自然に左右されるために、生きるために不可欠な産業でありながら、どこか時代遅れと見られてきました。このような経緯を踏まえ、現代社会のもつ問題点の解決法として、もう一度農業を評価し直し、自然と向き合う社会にする必要があるのではないか。生命誌としてはそのように考えてきました。

賢治にも、その思いと重なるところが多く見出せます。農業の再評価がそのままいのちあるものに目を向けることにつながるという点で、賢治と生命誌には共通するところがあります。その先に、現代社会のあり方を変えて暮らしやすいものにしていこうという願いがあるところも共通しています。

ところが最近になって、私の中に、農業の再評価だけでは暮らしやすい社会にはならないかもしれないという危惧が出てきました。多様な生きものの一つであるヒトが、二足歩行や言葉の使用などの特徴を生かして文明を生みだし、ついにはコンピューターを駆使するまでにいたったという人間としての歴史を追っていくと、今、私たちが現代社会で感じている生きもの離れの原点は、農業を始めたところにあるという指摘が出始めたのです。私が最初にその指摘に出合ったのは、コリン・タッジの『農業は人類の原罪である（進化論の現在）』（*Neanderthals, Bandits and Farmers –How Agriculture Really Began* 竹内久美子訳 新潮社、二〇〇二年）でした。

その意識をもって調べてみると、農業が現在の私たちの生き方に見られる問題点の始まりであるという指摘が多くなっていることが見えてきました。よく知られている本として、ジャレド・ダイアモンドの『人間はどこまでチンパンジーか？——人類進化の栄光と翳り』（新曜社、一九九三年）やユヴァル・ノア・ハラリの『サピエンス全史——文明の構造と人類の幸福』（河出書房新社、二〇一六年）があります。ナショナル・ジオグラフィックのスペンサー・ウェルズの『パンドラの種——農耕文明が開け放った災いの箱』（化学同人、二〇一二年）は、まさにこの問題を正面から扱っています。

類人猿の中で二足歩行を始めたヒトが誕生したのが七百万年ほど前、その中でホモサピエンスとよばれる私たちが登場したのが二〇万年前です。直立二足歩行をすることで道具を用いるようになったとはいえ、私たちの祖先は七百万年の間のほとんどを狩猟採集、つまり捕獲できる生きものを追って生きるという他の動物との連続性をもつ生活様式を続けてきました。私たちの祖先であるクロマニヨン人も、もちろん狩猟採集生活を続けていました。

それが一万年ほど前に農業革命が起こり、栽培や牧畜が行なわれるようになって定住化が始まり、人口が急激に増加して文明を生み、現代へとつながる道が始まったのです。これまでは、この変化は狩猟採集という原始的な生活からより暮らしやすい生活へ転換したととらえられてきました。ところが、今では先にあげた著書を始め多くの研究者が、農業は決して明るい社会を生みだしたとは言えないという論調になっています。

そして現代へのつながりも、人間に災厄《さいやく》をもたらしたととらえなければならないという見方にさえなっているのです。具体的には感染症の蔓延、糖尿病など慢性疾患の増加や、ストレスの増加、環境破壊などがあげられています。

私が賢治とともに「生きものとして生きる」ということを考えるとき、いつも農業が重要な位置を占めてきました。けれども、豊かな自然の中での暮しというイメージだけで農業をとらえているのではその本質はわからないのだとしたら、そこは考え直さなければなりません。賢治にも、農業のむずかしさに直面している悩みを伝えたい気持ちです。『植物医師』の項で見たように、賢治はつねに農業に惹かれながら、本格的にその中に入りきれずに悩んでいました

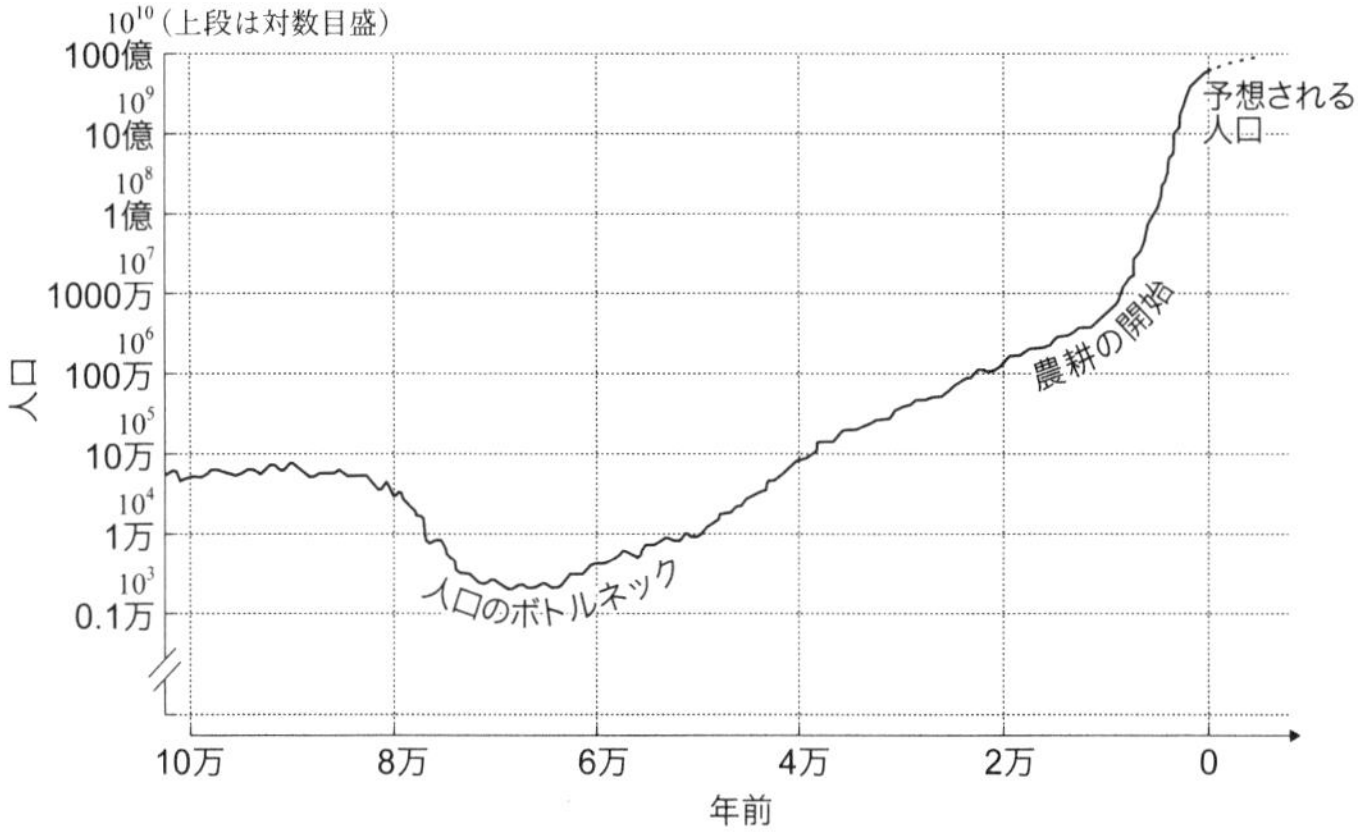

過去 10 万年の人口の変移
（S・ウェルズ『パンドラの種』p.16 を参考に作成）

が、その奥には農業のもつ本質的な問題点を感じとる直観がはたらいていたのかもしれないと推測するからです。

ヒトゲノム解析と遺跡の数とを合わせることで、大昔の人口を見積もる研究が進み、一〇万年前からの人口曲線が描けるようになりました（図を参照）。二〇万年前に誕生したとされる私たちの祖先は、八万年ほど前までは数万人という安定した人口だったのですが、八万年から五万年前の間に急減しました。つまりその間の化石はとても少ないのです。

ゲノム解析から、ヒトは近縁である大型類人猿に比べて遺伝子の多様性が非常に低いことがわかり、七万年前にはわずか二千人だったのではないかという値が出ています。現在、チンパンジーやゴリラに比べてのヒトの数が桁違いに多いことを思うとふしぎな気持ちになります。二千人は、絶滅の可能性を思わせる数ですから。

幸い祖先は生きのびて、六万年ほど前からまた増え始めました。ちょうどそのころから、人類発生の地であるアフリカ・中東以外の地域への移動が始まります。

そして一万年前の農業革命で人口増加の速度が加速し、その後は増え続けます。産業革命後には信じられないほどの人口増加が見られ、今や、食糧不足を心配しなければならないほどの人口になっているのは、よく知られていることです。

農業革命は何をしたか

農業という言葉を聞いて私たち日本人の多くが思いうかべるのは、まずイネでしょう。春には田んぼ一面に青々とした早苗《さなえ》が植えられ、秋になると一面の黄金色。どちらもいつ見ても心がおちつく田園風景です。けれども、これはあくまでも日本の田園です。自動車製造がどこの国で行なっても同じであるのと違い、農業は地球上のどの地域で行なわれているかによってその実態はかなり異なります。

主要穀物も、アジアではイネですが、ヨーロッパではコムギ、アメリカ大陸ならトウモロコシとなり、農村の風景も食生活もそれぞれの特徴を示します。この違いはとても重要ですが、一方で、それを越えて農業のもつ共通性を見ていくことも大事です。つねに多様性と共通性をもつのが生きものの特徴であり、農業は生きものを相手にしているのですから当然、この両面をもっています。

農業には大きく分けて、「園芸」「耕作」「牧畜」の三分野があります。「園芸」ではプランテーションや果樹園が営まれており、狭い土地で栄養の優れたおいしい食べものを生んでいます。「耕作」は、鋤《すき》に始まる道具の開発がなされたことによって始まりました。「牧畜」では、家畜化できる動物を飼いならし、牧場で育てています。このいずれもが、四万年ほど前から狩猟採集の傍《かたわ》ら行なわれていたことがわかり始めています。それはそうでしょう。あるとき突然、皆がヒツジを飼ったりコムギ畑をつくったりするはずはありません。採集して食べていた植物を、いつも食べられるように育ててみようと家の近くに植えた人がいたに違いありません。

もちろんお気づきでしょうが、ここで取りあげる変化の年数は一万年前に始まったとか、四万年前から存在したというように、私たちの一生から見ればとても長い時間です。しかしそれは人類の歴史の中では短い時間ですし、ましてや生きもののすべての歴史から見ればほんの一瞬です。生きもののことを考えると、いつも長い時間が見えてきます。

話を戻しましょう。四万年ほど前から世界の各地で植物の栽培や動物の飼育が少しずつ試みられ、定住の方向が出てきていたのです。そして本格的なコムギの栽培と家畜としてのヤギの飼育を行なう農耕が、中東地域で紀元前九五〇〇年から八五〇〇年ごろに始まったとされます。従来は、これがさまざまな地域へと伝播《でんぱ》したと考えられており、それがどのような形で行なわれたのかはわからないままでした。

しかし最近わかってきたように、地球上のあちこちで狩猟採集生活をしていた人々が農耕と定住を少しずつ始めていたとすれば、外からまったく新しい様式が入ってきたことにはなりません。それまでの自分たちの技術より少し優れた技術を取りいれただけであり、生活様式にはそれほど影響がなかったのではないでしょうか。つまり農耕は、中東で発生して伝播したのではなく、世界各地でそれぞれの土地に合った形で始まっていたと考えた方がよいようです。

実際に、農耕をしようとするきっかけは、特別なグループの中に存在した特別の能力によるものではなく、その発明が伝播したのでもないと考えられる証拠が、各地の考古学的研究から出てきています。生きものとしての私たち人間の中に、自然を上手に操作する能力と意思が備わっているのでしょう。

日本でも縄文時代は狩猟採集、弥生時代に入って渡来民の影響下に稲作を始めたというのが、私が学校の日本史で習ったことです。今ではそれが覆ったのは、よく知られるところです。三内丸山遺跡（日本最大級の縄文集落跡）の調査により、そこではクリやクルミ、トチなどの樹木を植えて実を採集し、エゴマ、ヒョウタン、ゴボウ、マメ類などを栽培していたことが知られています。狩猟採集と栽培を混ぜた豊かな食生活を営んでいた様子が見えてきます。日本列島だけでなく世界のさまざまな場所で、かなり豊かな暮しが営まれていたと想像できます。

本格的な農業革命は中東と中国と中央アメリカで起き、その理由は、身近に栽培化、家畜化できる植物や動物が存在したところにあったとされます。栽培は決して容易なものではありません。

現在の三大作物とされるイネ、コムギ、トウモロコシは、いずれも倍数体とよばれる個体でゲノムが重複しているのが特徴です。私たち人間は二倍体、つまり父親から一つ、母親から一つ受けとった一対（つまり二本）の染色体をもっています。染色体の一部でも重複するとトリソミーとよばれ、たとえばダウン症などの症状が出ます。ところが植物では倍数体が存在し、それが選択育種に向いているのです。しかもイネ、コムギ、トウモロコシは変異率が高く、新品種が現れやすいという、より栽培に適した性質をもっています。その他にはジャガイモ、キビ、オオムギも栽培化に適しており、実際に主な栽培種として用いられました。

この動きが農業革命につながるのですが、中東では当初一五〇種ほどの植物を食べていたのに、数千年かけて栽培化を確立したときには、主要作物は八種に減っていたことがわかってきました。多様な食材をとるという点では、むしろ狩猟採集社会の方が豊かだったと言えるわけです。しかし、主要作物は計画的な栽培に向いており、しかも長期の貯蔵が可能ですから、人間が計画的に動く社会づくりができました。

農業の始まりは支配の始まり

こうして生活の基本、つまり社会が変化しました。これを農業革命とよびます。まさに自然の中の生活から自然支配への道の第一歩であり、始まりは小さな支配だったものが今ではかなり大きな力をもつようになっていることは、だれもが気づくところです。

生命誌では、人間は生きものであり自然の一部と位置づけることを基本にしますので、支配という姿勢はとりません。ですから、農業の始まりは支配の始まりだったという事実に目をつぶるわけにはいきません。これこそが、私が見直したいと思っている現代社会につながっていくのですから。

食べものを得るために狩猟採集した獲物に頼っていたときに比べると、栽培化、家畜化した植物や動物を食べる暮しはまったく別の世界に入ったと言えます。これが人間に対する「自然の操作」の始まりであり、それは自然を変えるだけでなく私たちをも変えることになりました。

近年、多くの研究者が農業を「原罪」とおよび（コリン・タッジ）、「パンドラの箱」を開けたと言い（スペンサー・ウェルズ）、「個人の多大な苦しみ」の始まり（ユヴァル・ノア・ハラリ）と語っていますが、確かに、そう考えざるを得ません。

生命誌を始めたときは、産業革命によって始まった科学技術社会のもつ自然離れによって、人類が誤った道を歩み始めたのではないかと考え、農林水産業を再評価して、より自然に近い生き方を選択する必要があると考えていました。しかし、そもそも農業革命のときに、すでに「生きものとしての人間」という視点から離れていたと考えなければならないことが見えてきたのです。

農業革命のときに何があったのか。現代社会が抱える一人ひとりの人間の生きにくさに向き合うには、そこまで戻らなければならないとすると、新しい道はどこに探せるのか。とてもめんどうで、むずかしい課題を抱えることになります。はたして私に答えが探せるのか、まったくわかりません。でも生命誌という切り口で、賢治を代表とする自然と真剣に向き合ってきた人の考え方と生き方に学びながら、新しい道を探る試みはしなければなりませんし、してみたいのです。

とにかく、栽培化、家畜化が可能な動植物に恵まれた地、メソポタミア肥沃三日月地帯、中国、中米、南米アンデス、アメリカ合衆国東部の五カ所から始まった農業革命は、すでに農業的基盤をもっていた各地に比較的容易に広がりました。

農業革命はそれまで周囲の動物たちに脅かされながらみじめな生活をしていた狩猟採集民が、主体的に自然を支配する立場へと変わった人類史の中の大進歩とされてきました。貧しく、野蛮で不潔であり、寿命も短いみじめな生活から抜け出す一歩を踏み出したというイメージです。ところが近年、さまざまなデータがこのイメージを大きく変えています。たとえば寿命についてこんな数字があります。旧石器時代の狩猟採集民の平均寿命は男性が三五・四歳、女性は三〇・〇歳だったとあります。女性の方が短命なのは、出産時の死亡が少なくなかったからです。ところで、農耕に移行すると男性三三・一歳、女性二九・二歳とともに短命になります。身長も小さくなったようです。

農業革命後の人類は身長が小さく、寿命が短くなっているのですから、決してよい方向に向かってはいなかったと考えられます。

確かにコムギやイネの栽培によって食糧の総量は増えたけれど、それがよりよい食生活と健康につながったとは言えないわけです。それでも、農耕社会へと進む流れが止まることはなく、現在につながってきました。その変化が一人ひとりの人間にとってよい変化であるかどうかとは無関係に、人類のほとんどはこの道を進んだのです。よく知られているように現在も狩猟採集生活を選択する人々が存在し、しかも私たちはその生活を決して否定的に見てはいません。むしろ、そこに人間の本質を見ていると言ってもよいかもしれません。

ダイアモンドやハラリは、〝農業革命は史上最大の詐欺だった〟とまで言っていますけれど、どこかに詐欺師がいたわけではなく、私たちの祖先がその道を選び、今私たちはそこから続く道を歩いているのです。二一世紀に入って、何とも生きにくい社会にうんざりしている私が、賢治が描きだしたイーハトーブ*に惹かれるのは、それがこの道ではない、もう一つの道を示しているからでしょう。狩猟採集生活に戻ろうとは思いませんし、そんな呼びかけをするつもりもありませんが、その精神をよび戻したいという気持ちは日々強くなります。

＊「イーハトヴ」「イーハトーボ」とも記す。賢治による造語で、賢治の心象世界の中にある理想郷を表す。『注文の多い料理店』の広告ちらしに、賢治が以下のように記している。「イーハトヴは一つの地名である。（…）実にこれは著者の心象中に、この様な状景をもつて実在したドリームランドとしての日本岩手県である」。

生命誌を考え続けている私は、「機械論的世界観」で動いている現代から、「生命論的世界観」をもつ社会への転換を望み、その始まりとして生活を支える産業は農業だと考え、賢治の中にある農業への関心に同じものを見てきました。けれども、それよりもさらに自然に近いところに戻って考えなければならないことが浮き彫りになったのです。ここは私の思いこみを捨てる必要があります。

素直に賢治を読むなら、これまで取りあげてきた作品のどれもが、自然そのものとのかかわりの中で生まれる問いを抱えています。農業を語るときもそうです。「賢治作品を読むことで、現代を生きる人々が忘れていることをいかに再発見できるか」と、『宮沢賢治　デクノボーの叡知』（新潮選書、二〇一九年）という魅力的な賢治論を書かれた、文化人類学者の今福龍太さんが語られていますが、まさにそのとおりです。その試みとしてまず、『なめとこ山の熊』を、これまで以上に注意深く読み直し、次項で取りあげます。

農業革命が生みだした社会

原点に戻って考える前に、農業革命を単に狩猟採集から農業（園芸・耕作・牧畜）への移行としてだけとらえず、社会制度の変化を見ておかなければなりません。

最初に考えるのは、コムギ、イネ、トウモロコシという限られた栽培種に頼る暮しです。果実や動物、魚や貝などさまざまな食べものを食べていたときより、手に入る食糧の安定性もミネラルやビタミンなどの栄養も、ともに低下したということです。それなのになぜ私たちの祖先は、こちらの道を進んだのでしょうか。

まず、穀物生産によって人口が増えたという結果があります。移動を続ける狩猟採集生活ではせいぜい百人ほどの集団だったのが、定住を始めるとすぐに千人にはなったようです。普通の規模で五千人から一万人程度にまで大きくなったとされます。こうして密になったために感染症が増え、また先述したように栄養も十分でなかったので病気に苦しんだのですが、それでも人口増加という傾向は止まりませんでした。農業革命に中心的役割を果たしたメソポタミア肥沃三日月地帯で起きた社会の変化を見ていきます。

穀物の特徴は、定まった時期に収穫したものを貯蔵できることです。人口の増加と貯蔵食物の存在というある種のゆとりのある状況の中で、非生産者が生まれました。一方で、自然を支配するものとみなすようになった結果、強力な神の存在を信じる宗教が誕生し、集団の中にそれにかかわる人が存在するようになりました。農耕を体系的に行なうために全体を支配する権威者や役人のような役割が生まれ、政治が誕生します。

このあたりは近年急速に研究が進み、歴史書で扱われていますので詳細は省きますが、メソポタミアでの文明登場は都市、帝国、文字の誕生にあるとされ、農業革命がそれを生みだしたのです。こうなると集団間の戦いも激しくなります。このような社会が現代の基礎となったのだと思うと、農業という言葉がとても複雑に見えてきます。

ここまで書いたところでたまたま一冊の本に出合いました。山本紀夫さんの『高地文明――「もう一つの四大文明」の発見』（中公新書、二〇二一年）です。山本さんはアンデスのジャガイモの研究を中心に文明の研究をし、それにメキシコ、チベット、エチオピアを加えた四つの熱帯・亜熱帯高地にある独特の文明を研究している方です。文明といえば大河のほとりで生まれた四大文明を思いうかべ、主要作物は穀物としてきた私たちに、ジャガイモも文明を生んだことを忘れないように、と語ります。アンデスで生まれたインカ帝国は一六世紀にスペイン人に征服されてしまいますが、根栽農耕を基盤に置くこの高地文明には独特の技術や自然とのつき合い方があり、興味深いものがあります。とくにこの文明の宗教が自然崇拝であることが関心を惹きます。

文化についてはは地域性、多様性に注目しますが、文明もそこの自然に依存します。現状では、ヨーロッパで生まれた科学技術文明による一律化が進み、それをあたりまえとしていますが、考え直す必要があるでしょう。

ジャレド・ダイアモンドの『銃・病原菌・鉄――一万三〇〇〇年にわたる人類史の謎』（草思社、二〇〇〇年）は、壮大な人類史ですが、それを書いたきっかけがとても印象的です。ニューギニアのカリスマ的政治家であるヤリが、〝あなたがた白人はたくさんのものを発達させてニューギニアに持ちこんだが、私たちニューギニア人には自分たちのものといえるものがほとんどない。それはなぜだろうか？〟と問うてきたのです。科学技術文明は進歩と称してより便利な生活を求めて多くの機械をつくりだし、それを世界中に広めました。一本の物差しをすべての地域にあてはめて、目盛りのどこに存在するかによって先進国、途上国とよびます。

ニューギニアには、文明とよべる段階にまで体系的な社会は存在しないかもしれませんが、『高地文明』に示されるような地域の自然の力を生かした生活様式は世界各地に存在し、そこからこそ賢治が求めていた豊かな生き方を探れるかもしれません。

「グローバル」は本来「地球」から生じた言葉ですから、さまざまな地域がそれぞれの特徴を生かしながら、地球に暮らす人皆が幸せになるようにと求める活動を指《さ》すはずです。けれども今は、全体を一律にする方向であり、それは決して暮らしやすさにつながるものではありません。もう一度、さまざまな暮らし方を見直すときではないでしょうか。

工業と農業を対比し、農業は自然の中で行なわれているなどと表面的にとらえていては、現代社会の見直しはできない。それがはっきりしてきたのではないでしょうか。もちろんここで農業を否定して、「原始の自然に還れ」と言ってもしかたがありません。大事なのは、農業革命で生まれた価値観やシステムを見直すことです。そこでは、私たちが生きものとしてもっている感覚を再確認する必要があるのではないでしょうか。まさにここで、賢治に学ぶこと大だと思います。

2 『なめとこ山の熊』――生きものとしての人間の原点

〝農業革命は人類史の中で最大の詐欺だった〟という認識は、最近の化石研究やゲノム研究から生まれてきたものであり、賢治の時代にはだれもそのようなことを考えてはいませんでした。

農学校での学習と先生になってからの生徒たちとの学び。学生時代に出会った親友、保阪嘉内らと出した文芸同人誌『アザリア』に掲載する詩文。宮沢家が代々信仰してきた浄土真宗と賢治自身がそこから抜けて信仰するようになった日蓮宗などの仏教。周囲の農民たちの日常。やがて、それらの中で生きることを考える基本が農業になり、これを皆が幸せに暮らす社会づくりにつなげていくことに、賢治は心を砕いたのでした。そこに一つの答えを求めていたのです。

けれども賢治の心の中では、もっと根源的なところにまで戻らなければ、本当の幸せにはつながらないということが直観されていたようにも思います。当時の常識からすれば、人間は特別な存在であり、他の動物は一段下にあると思って当然です。以前はよく、「あいつはけだものだ」という言葉が使われていました。「けだものみたいだ」ではなく、「けだものだ」です。もちろんこれは悪口で、人間としてやってはいけないことをしたとか、人間として認めたくないような考えや行動がみられるときに使った言葉です。さらには「けだもの以下だ」とも言いました。『広辞苑』によると「けだもの」は「不人情な人やろくでもない人間をののしっていう称。人でなし」とあります。けれども賢治の作品には、この感覚がまったくありません。ここが重要です。

生命誌が「人間は生きもの」ということを基本に置くときも、たとえばクマやトラをののしりの意味を含む「けだもの」として見るようなことはしません。クマはクマとして、トラはトラとして生きているのであり、人間以下の存在ではなく、同じ生きものの中の異なる存在としてとらえます。実際、ゲノムの解析をすれば、クマやトラと人間とのつながりが明確に示されるのですから、だれもが賢治と同じ感覚になる他ないとも言えます。それが二一世紀なのです。これは農業革命の見直しに利用できるはずです。

賢治はゲノムを知るはずはありませんが、直観的に他の生きものたちとのつながりを感じとり、それを生かすことが皆の幸せを求めることだと考えていたように思います。そのつながりについて考えるとすれば、やはり『なめとこ山の熊』でしょう。もっとも、ここに明快な答えがあるわけではありません。私たち一人ひとりが賢治になり、また、この物語に登場する小十郎になって考えることが、答えに近づく一つの道ではないかと思うのです。

小十郎は猟師（マタギ）であり、東北の山に暮らす熊撃ち名人です。熊の毛皮や胆《きも》を町で売って生計を立てています。ただし小十郎は、単なる鉄砲の名人ではありません。賢治の話は始まりがおもしろいと何度も書いてきましたが、これもそうです。

なめとこ山の熊のことならおもしろい。なめとこ山は大きな山だ。淵沢川《ふちざわ》はなめとこ山から出て来る。なめとこ山は一年のうち大《たい》ていの日はつめたい霧か雲かを吸ったり吐いた

りしてゐる。まはりもみんな青黒いなまこや海坊主のやうな山だ。山のなかごろに大きな洞穴《ほらあな》ががらんとあいてゐる。そこから淵沢川がいきなり三百尺ぐらゐの滝になってひのきやいたやのしげみの中をごうと落ちて来る。

何がおもしろいのだろうと、だれだって気になります。しかも、「なめとこ山は一年のうち大ていの日はつめたい霧か雲かを吸ったり吐いたりしてゐる。まはりもみんな青黒いなまこや海坊主のやうな山」なのです。山が吸ったり吐いたりしているのは霧や雲、なめとこ山は空ともつながった大きな世界にいる生きものなのでしょう。

生命誌研究館での活動を記録する映画「水と風と生きものと」の撮影のためにここを訪れたのは、運よく細かな雨が静かに降っている日でした。傘をさして橋の上から眺めた「なめとこ山」は、まさに霧と雲を吸ったり吐いたりしていました。息づかいが聞こえるようでした。大きな洞穴から流れ出す水も、また生きもののようです。この水ももとは空から降ってきたのですから、ここにも大きな世界があります。そしてそこには熊が暮らしています。

このような世界を思い描くと、現代人であれば、圧倒的な自然の大きさに恐れを抱き、そこには入りこめないと思うのではないでしょうか。でも小十郎は、そのなめとこ山をまるで〝自分の家の座敷を歩いている〟ように、ゆっくりと歩くのです。賢治はここで、私たちにそっと教えてくれます。実は熊はどうも小十郎のことが好きらしいと。「もう熊のことばだってわかるやうな気がした」というわけです。小十郎が聞いた母親熊と子熊の会話はなんとも魅力的で、何度読んでも心惹かれます。

「どうしても雪だよ。おっかさん谷のこっち側だけ白くなってゐるんだもの。どうしても雪だよ。おっかさん。」

するとと母親の熊はまだしげしげと見つめてゐたがやっと云《い》った。

「雪でないよ、あすこへだけ降る筈《はず》がないんだもの。」

子熊はまた云った。

「だから溶けないで残ったのでせう。」

「いゝえ、おっかさんはあざみの芽を見に昨日あすこを通ったばかりです。」

小十郎もじっとそっちを見た。

月の光が青じろく山の斜面を滑ってゐた。そこが丁度《ちょうど》銀の鎧《よろい》のやうに光ってゐるのだった。しばらくたって子熊が云った。

「雪でなけぁ霜だねえ。きっとさうだ。」

ほんたうに今夜は霜が降るぞ、お月さまの近くで胃《コキエ》もあんなに青くふるへてゐるし第一お月さまのいろだってまるで氷のやうだ、小十郎がひとりで思った。

「おかあさまはわかったよ。あれねえ、ひきざくらの花。」

「なぁんだ、ひきざくらの花だい。僕知ってるよ。」

「いゝえ、お前まだ見たことありません。」

「知ってるよ。僕この前とって来たもの。」

「いゝえ、あれひきざくらでありません、お前とって来たのきさゝげの花でせう。」

「さうだらうか。」子熊はとぼけたやうに答へました。小十郎はなぜかもう胸がいっぱいになってもう一ぺん向ふの谷の白い雪のやうな花と余念なく月光をあびて立ってゐる母子の熊をちらっと見てそれから音をたてないやうにこっそりこっそり戻りはじめた。風があっちへ行くな行くなと思ひながらそろそろと小十郎は後退《あとずさ》りした。くろもじの木の匂《におい》が月のあかりといっしょにすうっとさした。

引用が長くなりました。でもどこかで切ろうとしても切れません。雪かと思ったらひきざく

加藤昌男『賢治曼陀羅蔵書票』より
「なめとこ山の熊 I」

らだった。とても美しい光景が浮かびます。熊の親子を思いうかべているうちに、いつの間にか人間の親子に変わってしまい、こんな会話のできる親子は幸せだなと思うのです。

子熊のとぼけたような答えに、小十郎はその姿をそのまま止めておきたくなったのでしょう。音を立てないようにそろそろ後退りします。風も一緒に下がってくれよと願いながら。そこにくろもじの木の匂いと月のあかり……読む者も胸がいっぱいになります。こんな小十郎ですが、私たちのように、ただ熊の親子の話に聞きほれているわけにはいかないのです。小十郎の仕事は熊を殺すことであり、それをしなければ暮しが成り立ちません。物語を読んでいくと、その毛皮や熊の胆は町で買い叩かれるのですから、なんともつらいことです。

今これを書いているのは、新型コロナウイルスのパンデミック下、さまざまな活動が制限される中で、新自由主義が生みだした所得格差がさらに歪み、毎日の暮しがむずかしい人々が増えています。いつの時代も、単に人間の欲望がなせる業《わざ》なのだというだけでは片づけられない、社会のしくみに組みこまれた理不尽さが存在するのはなぜだろうと憤りを感じます。とにかくこのしくみはなんとかせねばなりませんし、その原点が、人間が人間特有の暮しを始めた農業革命にあるのだとすれば、まさに人間とは何かという問いに戻り、二一世紀に答えを探さなければなりません。

これこそ生命誌の仕事です。賢治は、「こんないやなずるいやつらは世界がだんだん進歩するとひとりで消えてなくなって行く」と書いています。〝この場面を書いたことが自分でもしゃくにさわる〟と言いながら、「進歩」がそれを消してくれると信じていたのです。今これを読むと、「賢治さんあなたの見通しは甘かったのではありませんか」と言わざるを得ません。私たちが暮らす今の社会を見て、彼は何と言うでしょうか。

いずれにしても小十郎は、進歩をよしとする社会で評価するなら、決して高く評価される暮しをしてはいません。ギリギリのところで、なんとか暮らしているのです。そこで賢治は、そのような小十郎が熊とのかかわりの中で示すやるせなさと崇高さを重ねて描き、生と死が絡み合った生きる姿を見せます。この部分を書いているときの賢治は、「しゃくにさわる」とは正反対のある爽快さを感じていたのではないでしょうか。

進歩が事を解決してくれるのではなく、このような感覚こそが解決につながる道ではないのか。きっと賢治の心の奥には、そんな気持ちがあったはずです。しかし近代社会に生きる人間としては、進歩への期待も捨てきれず、もやもやしていたのだろうと思います。小十郎は、「熊どもは殺してはゐても決してそれを憎んではゐなかった」とありますが、矛盾としか言いようのないこの気持ちこそ、生きることそのものだと言えます。

この物語の圧巻は、あるとき熊が銃を構えている小十郎に、「おまへは何がほしくておれを殺すんだ」と問うところから始まります。熊は言うのです。「もう二年ばかり待って呉《く》れ、(…)二年目にはおれもおまへの家の前でちゃんと死んでゐてやるから」と。そして熊は二年後に小十郎の家の前で口から血を吐いて倒れていました。

「小十郎は思はず拝むやうにした」と賢治は書きます。そしてその後のある日、大きな熊が両足で立って小十郎にかかってきました。おちついて撃った弾がなぜか当たらず、熊に襲われることになるのでした。「お丶小十郎おまへを殺すつもりはなかった」という熊の声を聞きながら、小十郎は、「おれは死んだ」と思います。「熊ども、ゆるせよ」と思いながら。

最後に賢治は書きます。

思ひなしかその死んで凍えてしまった小十郎の顔はまるで生きてるときのやうに冴《さ》え冴《ざ》えして何か笑ってゐるやうにさへ見えたのだ。ほんたうにそれらの大きな黒いものは参の星が天のまん中に来てももっと西へ傾いてもじっと化石したやうにうごかなかった。

熊の死も小十郎の死も死には違いなく、現代社会の見方では、終りであってマイナスの評価がなされるものです。けれども、「二年待ってくれ」と言ってその約束を守って自らのいのちを小十郎に与えた熊の死と、熊に殺されながら、「熊どもゆるせよ」と言って「死ぬとき見る火」を見る小十郎の死とは、相互に認め合い交感し合う真に生きることとの結果としか言えません。〝よい死〟という言葉はおかしいかもしれませんが。最後の文がなんとも印象深く心に残ります。熊たちによるお葬式の場面で使われる「大きな黒いもの」という言葉に、賢治の思いが思わず現れたのではないでしょうか。もう熊ではありません。同じつながりをもつ生きもの同士なのです。

これは、賢治にしか書けない物語であり、これを読む私たちは小十郎と熊の間に生まれた一体感を感じとります。毎日コンピューターに向かう生活を大きく変えることはむずかしいかもしれませんが、その気にさえなれば、この物語にある自然の中に存在するいのちの感覚を生かすことはできるのではないでしょうか。そして、それが農業革命以来失ってきたものを取りもどして、新しい方向を探る鍵になることを期待させます。ですから、とくに今読みたい物語なのです。

ここで「フランドン農学校の豚のことも忘れずにね」という声が聞こえてきました。熊も豚も生命誌の中ではまったく同じ存在です。問題は私たち人間なのです。

3 『狼森《おいの》と笊森《ざる》、盗森《ぬすと》』——農業をこんなふうに始めたら

農業の問題を考えた後で『なめとこ山の熊』を読んだのには、理由があります。小十郎の気持ちを自分の中に取りこみ、霧や雲を呼吸して生きている山と、そこに暮らす熊たちとの交感を共有する人間として農業を始めたらどうなるだろうと考えてみたかったのです。実はそれを語っている物語があります。『狼森と笊森、盗森』と『鹿踊《ししおど》りのはじまり』です。

賢治の生前に唯一出版された童話集『イーハトヴ童話　注文の多い料理店』に、この二篇は収録されていますから、若いころに書かれた作品です。賢治は一九歳で盛岡高等農林学校に一番の成績で入学し、寄宿舎に入りました。ここで、その後特別の感情を抱くようになったとされる同級生の保阪嘉内と出会い、数人の仲間と一緒に文芸同人誌『アザリア』を発刊します。『アザリア』では

『注文の多い料理店』
初版本の復刻

短歌や詩を多く発表していますが、卒業のころから童話を書くようになり、卒業後の二五歳の年に童話をたくさん書いたと年譜にあります。

その年の一二月には花巻農学校（当初は稗貫農学校）の先生になっています。ここで取りあげる二篇には、当時の賢治が農業の本質と見ていた自然とのかかわりが描かれており、生徒たちにその思いを伝えたいと考えながら接していたのではないかと感じるのです。結論を言ってしまうなら、「なめとこ山の小十郎と同じ自然との一体感をもち続けることが農業の基本だ」と賢治が考えていることは、二つの話から明らかです。生命誌としても賢治に学びながら何かを見つけたいと願っています。

ですからここで、これぞ賢治を語るときの究《きわ》めつけとして、いつも私の心の中にある『イーハトヴ童話　注文の多い料理店』と題された童話集の「序」を見ていきます。この「序」は、これまでにも取りあげたいと思うことが何度かありましたが、やはりここで触れるのがいちばんと考えてのことです。

わたしたちは、氷砂糖をほしいくらゐもたないでも、きれいにすきとほつた風をたべ、
桃いろのうつくしい朝の日光をのむことができます。

またわたくしは、はたけや森の中で、ひどいぼろぼろのきものが、いちばんすばらしいびろうどや羅紗《らしゃ》や、宝石いりのきものに、かはつてゐるのをたびたび見ました。

わたくしは、さういふきれいなたべものやきものをすきです。

これらのわたくしのおはなしは、みんな林や野はらや鉄道線路やらで、虹《にじ》や月あかりからもらつてきたのです。

ほんたうに、かしはばやしの青い夕方を、ひとりで通りかかつたり、十一月の山の風のなかに、ふるへながら立つたりしますと、もうどうしてもこんな気がしてしかたないのです。ほんたうにもう、どうしてもこんなことがあるやうでしかたないといふことを、わたくしはそのとほり書いたまでです。

ですから、これらのなかには、あなたのためになることもあるでせうし、ただそれつきりのところもあるでせうが、わたくしには、そのみわけがよくつきません。なんのことだか、わけのわからないところもあるでせうが、そんなところは、わたくしにもまた、わけがわからないのです。

けれども、わたくしは、これらのちひさなものがたりの幾きれかが、おしまひ、あなたのすきとほつたほんたうのたべものになることを、どんなにねがふかわかりません。

「これらのわたくしのおはなしは、みんな林や野はらや鉄道線路やらで、虹や月あかりからもらつてきたのです」というところがとても重要です。農業とのかかわりが深いと感じている『鹿踊りのはじまり』の最初にはこうあります。

そのとき西のぎらぎらのちぢれた雲のあひだから、夕陽《ゆうひ》は赤くなゝめに苔《こけ》の野原に注ぎ、すすきはみんな白い火のやうにゆれて光りました。わたくしが疲れてそこに睡《ねむ》りますと、ざあざあ吹いてゐた風が、だんだん人のことばにきこえ、やがてそれは、いま北上《きたかみ》の山の方や、野原に行はれてゐた鹿踊りの、ほんたうの精神を語りました。

ここにはっきり書いてあるように、これは賢治がつくった物語ではありません。お話としてだれかから聞いたのでもないのです。「ざあざあ吹いてゐた風」が語ったのです。

これはとても大事なことなので、この物語の最後に、賢治はもう一度こう書きます。「それから、さうさう、苔の野原の夕陽の中で、わたくしはこのはなしをすきとほつた秋の風から聞いたのです」。自然の中で自然に向き合う姿勢をもつ人にしか、この話は聞こえないのではないでしょうか。生きることをこの姿勢でやるからには、農業もこの姿勢で進めなければなりません。賢治が農業の重要性を意識しながらもどこかで悩んでいる様子が見えるのは、農業の中には風の声を聞くときとは違う何かがある、つまり支配的傾向があることを感じとっていたからではないでしょうか。『狼森と笊森、盗森』の始まりはこうです。

小岩井農場の北に、黒い松の森が四つあります。いちばん南が狼森で、その次が笊森、次は黒坂森、北のはづれは盗森です。

この森がいつごろどうしてできたのか、どうしてこんな奇体な名前がついたのか、それをいちばんはじめから、すつかり知つてゐるものは、おれ一人だと黒坂森のまんなかの巨《おお》きな巌《いわ》が、ある日、威張《いば》つてこのおはなしをわたくしに聞かせました。

ここでの話し手は「巨きな巌」です。岩手山が噴火したときに、山からはね飛ばされてきた巌に違いありません。それはいつのことだったのでしょうか。風や巌は自然です。その自然が語ることに耳を傾け、そこから考え行動するのが賢治の生き方なのだということを、この二つの物語ははっきりと示しています。

ここでちょっと横道にそれますが、『イーハトヴ童話　注文の多い料理店』の「序」には、お話を聞かせてくれるのが「林や野原や鉄道線路」とあることにも、目を向けておきたいのです。ここに鉄道線路が入っているのが、賢治だと思うのです。自然の声を聞くと同時に、人間がいっしょうけんめいつくり、私たちの日常を支えている鉄道線路もたくさんの物語をもっていますから、それも聞かなければなりません。

鉄道線路をつねに安全な状態に保ち、そこを定時に汽車や電車が走るためには、大勢の人の真摯《しんし》な思いと骨惜しみをしない努力が必要です。そこにも自然と同じくらい大切な物語があるととらえることの大切さを、賢治は知っています。私たちの社会はあまりにも無機的になり、日常の道具や町にある建物、さまざまな装置は単に有用なものとしてしか見なくなってきました。でも、どれを見てもつねに心を通い合わせてこその存在です。事故は心がはたらいていないときに起きるのだと私は思います。

この童話集には、賢治ならではと言える『月夜のでんしんばしら』も入っています。電信柱たちが並んで歩く姿を、「ドッテテドッテテ、ドッテテド」という、賢治特有のオノマトペで表現しているところを記憶している方は多いのではないでしょうか。もっとも、整列して歩いているのは兵隊さんで、歌われているのが軍歌なのは少し気になりますが、賢治といえども時代からまったく自由ではなかったということでしょうか。

このように物を単なる物として見ないという経験は、私たちの日常にもあります。故人との思い出が詰まった品に囲まれて暮らしているとき、そこにあるものはすでに単なる物体ではないことは明らかです。そこにはたくさんの物語があるのです。人間や人間のつくったものを自然と対比してまったく違うものととらえず、そこにある語りにも耳を傾けることは、自然とのつながりの中で文明をつくっていく道につながるでしょう。

自然の声を聞くことの大切さ

本論に戻ります。心をはたらかせることが得意であった賢治は、たくさんの自然の物語を語りますが、その中でも風の語る『鹿踊りのはじまり』と巌の語る『狼森と笊森、盗森』には、農業はどのように始まり、私たちの生き方にどのような影響を与えたかを考えさせる言葉が並んでいます。農業のあり方を考え直したいと思っている今の私にとっては、真剣に耳を傾け、そこから何かを引きだしたい言葉ばかりです。

ここでまた少し横道に入ります。生命誌を始めたきっかけの一つには、地球に暮らす多種多様な生きものたちの存在を感じとることが大事だと思ったということがあります。一九七〇年代から八〇年代にかけての生命科学は、モデル生物と名づけた実験室の中で扱いやすい生きものを研究し、そこから「生命とは何か」という問いへの答えを出そうとしていました。バクテリアの代表である大腸菌、学校の理科で遺伝学を習うときに実験材料にするショウジョウバエ、多くの研究室で飼われているマウスなどが、長いことモデル生物とされてきました。DNA研究が始まってからは線虫、植物ではシロイヌナズナなどもそこに加わります。どれも研究室で育てやすいという特徴をもっています。これらの生物の研究からわかってきた細胞のはたらきや発生の過程、脳のしくみなどはどれも興味深く、当時はそれらの論文を読むのがとても楽しかったことを覚えています。

ところが研究が進むうちに、思いがけないことがわかってきました。生きものの中でもっとも多様な昆虫について、ゲノム解析による正確な分類をしたところ、ショウジョウバエは昆虫仲間の一番はずれの場所に位置づけられたのです。長い間実験室で一定条件の下で飼育されてきたために、野生とは違った性質になってきたのでしょう。

昆虫のモデルとされてきたけれど、自然の中のムシの代表とは言えないことになったのです。大腸菌もバクテリアとしては中庸《ちゅうよう》とは言えません。この例でわかるように、これまでの科学は自然科学と言いながら複雑な自然には向き合わず、扱いやすいモデルを研究してきました。これは生命科学に限らず科学全般のありようを象徴しています。自然そのものを見ていないのです。

これでは学問としても十分とは言えませんし、日常の役に立つこともむずかしいのではないか。それが気にかかるようになりました。でも、科学者仲間はだれもそんな疑問をもっているようには見えません。私がおかしいのかなと悩みましたが、できる限り自然そのものを見て研究することが大切だと思う気持ちは、今も変わりません。科学を否定するのではなく、それを広げる形の知を創りたいと思って考えたのが、「生命誌」です。

三〇年ほど前、そのような思いで始めた「生命誌研究館」では、ショウジョウバエではなく、身近な林などにいるオサムシを研究することにしました。その結果ムシに教えられたのは、予想もしていなかったことでした。

オサムシは羽を失ってしまったために飛べず、地面を這《は》っています。そこで日本列島のオサムシの分布を調べたら、それが列島形成の歴史を語っているという思いがけない結果になりました。オサムシに言わせれば、「私たちは地面を這っているのですから、地面の動きと生存する場とがかかわるのは当然です。自然を見るといいながら、扱いやすい生きものだけ見ていましたね」と言いたかったでしょう。オサムシに笑われてしまった感があります（この研究の詳細は中村桂子コレクションⅡ『つながる　生命誌の世界』にあります。お読みくださるとうれしいです）。

自然の声を聞くことの大切さは、まさに今、生命誌の中で私が感じていることであり、それは農業を考えるにあたっても、風や巌の語る物語を聞くことが重要に違いないという気持ちにつながります。幸い賢治がそれらの物語を聞きとっておいてくれましたので、ここでは『狼森と笊森、盗森』から何が学びとれるかを期待しながら読んでいくことにします。

「森」との対話から始まる

「狼森、笊森、黒坂森、盗森」という四つの森は、最初は名前もなく、それぞれが「おれはおれ」とだけ思っていたのでしたが、そこへ人間たちが入りこんできて、こんな名前がつくことになりました。入ってきた人間の様子です。

四人の、けらを着た百姓たちが、山刀《なた》や三本鍬《さんぼんぐわ》や唐鍬《とうぐわ》や、すべて山と野原の武器を堅くからだにしばりつけて、東の稜《かど》ばつた燧石《ひうちいし》の山を越えて、のつしのつしと、この森にかこまれた小さな野原にやつて来ました。よくみるとみんな大きな刀もさしてゐたのです。

この作品は、農民たちがどこからか新しい土地へとやってきて農業を始める物語として描かれていますが、農業の始まりに関心をもつ今の私には、人間が農業という活動を開始したそのときのことを意識しているように思えます。賢治が生きた時代を考えると、この作品を書いた時点で、「人類が農業を始めたときについて考えよう」という明確な意図をもっていたと受けとめるのは、うがちすぎだとはわかっているのですが。

賢治の農業への思いは、単に生活を支える食糧生産という行為を越えて、人間が自然とどうかかわるかという根元にまで届いていますから、賢治が意図せずとも、おのずと農業の始まりを思わせる物語になっていてもおかしくないと思うのです。二一世紀に入った今という時点でこの物語を読むと、それが見えてきます。よくぞ書いてくれたと感謝します。

やってきたのは四人の男とおかみさんが三人、小さな子どもたちが九人です。子どもたちは今でいうなら学齢前で、わいわい言いながらそのあたりを走りまわっています。この子どもたちの様子を読んで、私も引越しのたびに新しい場所はどんなところだろうと歩きまわったことを思い出しました。あるときなど、弟が引越しの当日に迷子になったこともありました。そんな子どもたちの様子に、さあ、新しい生活だという期待と不安が見えます。

ここで興味深いことが起きます。四人の男が、あちらこちらを向いて叫ぶのです。

「こゝへ畑起してもいゝかあ。」

「いゝぞお。」森が一斉にこたへました。

みんなは又叫びました。

「こゝに家建ててもいゝかあ。」

「ようし。」森は一ぺんにこたへました。


次に、〝火をたいてもいいか、少し木を貰《もら》ってもいいか〟と聞くと、森はどれにも〝いいぞ〟と答えをくれます。男たちは手を叩いて喜び、家族みんなもはしゃぎます。おかみさんや子どもは男たちが問うている間はしんとしていたのでした。とても心配していたのでしょう。

ここを読んで、どんなことを感じられますか。私は、まず口を結んで目をつぶり、息を止めました。そして、私たちの中から消えつつある大切なものを、賢治はよび戻してくれているのだと心に刻みこみました。男たちがやったことは、森に代表される自然への当然の礼儀です。三家族が一緒にこの土地で暮らしていきたいと思ったら、山刀や鍬を使って耕したり、火を使ったり、森の木を切ったりしないわけにはいきません。その場合、それをやってもよろしいでしょうかとお尋ねもせずに、勝手に野原や森にズカズカ入りこんではいけません。

労働の意味を根本から考える

現代社会を生きる私たちは、農業をするだけでなく、新しい土地を切り開いてビルを建てたり高速道路をつくったりしています。あげく、南アルプスにトンネルを掘ってリニアモーターカーを走らせようなどという、とんでもないことを平気でしようとしています。農業革命以降の人間は、「〇〇してもいいかあ」と自然に対して問うことをまったく忘れています。そこに問題があることを、この物語は教えてくれます。

当時の農業は、二一世紀の今に比べて自然を支配するという感覚は弱かったでしょう。賢治は農民を応援する意図で肥料に強い関心をもち、実際に合成肥料について考えたり石灰肥料の販売に携わったりしています。確かに、科学には憧れていました。しかし一方で、人間は自然の中にあり、その中で生きるのだという直観が自然に体の内からわいてきていたのでしょう。本質が見えていたのです。続く文も考えさせられます。

その日、晩方までには、もう萱《かや》をかぶせた小さな丸太の小屋が出来てゐました。子供た

ちは、よろこんでそのまはりを飛んだりはねたりしました。次の日から、森はその人たちのきちがひのやうになつて、働らいてゐるのを見ました。男はみんな鍬《くわ》をピカリピカリさせて、野原の草を起しました。女たちは、まだ栗鼠《りす》や野鼠《のねずみ》に持つて行かれない栗《くり》の実を集めたり、松を伐《き》つて薪《たきぎ》をつくつたりしました。そしてまもなく、いちめんの雪が来たのです。

この文には、はっとさせられます。許可がでた途端に人間はきちがい（現在この単語は禁句ですが、賢治の思いをそのまま表す言葉としてここでは使います）のように働くのです。狩猟採集という野蛮な生活から農耕という質の高い生活へという、以前私たちが抱いていたイメージは、すでに崩されています。農耕はとても厳しい労働を要求するものであり、作物も簡単に収穫できるものではないので、生活は厳しくなります。

まさに悠久の時間の中で過ごしてきた森から見ると、なぜそこまで働かなければならないのだろうと、ふしぎに思えるほどの働き方が必要になったのでした。それは今も続いています。暮しそのものから労働という部分が切り離されて働き続ける。何のために働いているのかさえもわからなくなる人がつくる社会の始まりは、すでにここにあったのです。

二〇二〇年という年は新型コロナウイルスのパンデミックの中で過ぎていき、だれもがつらい思いをしました。一方、接触を避けるために自宅勤務を余儀なくされて、やむなく始めたオンラインの会議でも事は運ぶことに気づくなど、新しい発見もありました。また、働き方改革とかアフター・コロナの生き方という言葉が使われるようになりました。

新しい情報技術の活用以前に、農業革命以来続いてきたガムシャラな労働の意味を根本から考え直さなければならないということに気づく人も出てきました。どのように生きるか、その視点から暮しを見直そうという動きです。新しい土地で働き始めた農民は、即刻「きちがひのやうになつて」働いたと言われて、私は考えこみます。

引用した文でもう一つ興味深いのは、女たちが栗鼠や野鼠にもっていかれていない栗の実を集めていることです。狩猟採集時代の女性の仕事は、まさに栗や栃《とち》などの実を集めたり、山菜や茸《きのこ》を採ったりすることでした。農耕を始めたからといって、すべて畑でつくるもので事足りるわけではありません。狩猟採集社会と農耕社会との間に明確な区切りがあるわけではなく、狩猟採集の中で徐々に栽培をしていくようになったというのが実態でしょう。

賢治が生きた時代にはわかっていなかったのですが、今、私たちは三内丸山遺跡などの研究から縄文時代に栗の木が栽培されていたことを知っています。秋にはたくさんの実をつける栗を住居の側に植えて食べものを手に入れていたのですから、農耕への道は始まっていたと言ってよいでしょう。ここで興味深いのは、賢治が、〝人間が、栗鼠や野鼠にもっていかれない栗を集めた〟と書いているところです。

縄文時代の栗の木の栽培を知らなかった賢治にとって、栗は森の動物たちと分けあう存在です。森の中での人間の位置づけは、あまり強いものではありません。熊を始めとする森の生きものたちが採らなかったものをいただくのが、野生に近い人間の位置づけと賢治は見ていたのでしょう。実際にもそうだったと思います。

男たちは、「みんな鍬をピカリピカリさせて、野原の草を起しました」とありますから、新しく開発した道具でできるだけたくさんの収穫を得ようとしています。「ピカリピカリ」に、その感じが出ています。そして私たちは、ずっとピカリピカリする道具をつくり続けてきました。さらにピカリピカリするように改良し、より強力な道具を次々と開発して、自然を支配する方向へと進みました。この物語で森とのかかわりでは礼儀をわきまえた自然とのかかわりをしている人たちが、農耕をするときには自然と闘う姿になっているのが印象的です。そして今では、わきまえの方はすっかり忘れさられているのです。その次にも興味深い記述があります。

その人たちのために、森は冬のあいだ、一生懸命、北からの風を防いでやりました。

自然は大きなものです。冬になれば冷たい北風が吹くのはしかたのないことであり、子どもたちは手が冷たくて泣くのですが、でも森は〝風が少しでも冷たくないようにしようと努めていた〟のでした。人間は自然の中で暮らすものであり、自然から仲間として受け入れられる形で存在していることも確かだったのです。農業の始まりのころの、人間と自然の微妙な関係がさりげなく描きだされています。

男が四人、女が三人、子どもが九人という集団は、子どものいる夫婦三組と独身男性が一人ということでしょうか。それともおじいさんでしょうか。いずれにしても大きな集団ではありませんが、農耕による定住生活の始まりにはある程度の大きさの集団が必要です。賢治は小さな小さな村をイメージし、彼らが森に礼をつくしながら、新しい生活を始める姿を思い描いていたのではないでしょうか。

「みんな」が好きな方へ向いて一緒に

ここで興味深いのは、集団生活を始めてからの彼らのことを、賢治が「みんな」と書いていることです。何をするときも、「みんな」です。農業革命が起きると分業が始まって、身分が生まれます。この変化が社会としては大きな意味をもつのですが、この物語に登場する男たちは、同じ仲間を思わせる「みんな」という言葉で表現されています。賢治は意識して「みんな」と言っているのではないでしょうか。

農学校を卒業し、農学校の先生を勤めて農業の重要性を十分認めながらも、そこに自然を支配する匂いがあることに悩んでいた賢治の気持ちがここに見えます。集団で生活していくために農業は必要だけれど、そこで生じる身分は望ましいものではないという気持ちです。賢治の実家が古着商や質屋を営み、農家のような苦労をせずに恵まれていることに引け目を感じていた様子がありますので、身分社会への抵抗は大きかったのでしょう。

物語では、森に挨拶をして秋に農耕を始めた家族は、次の春を迎えるころには小屋を三つ建て、蕎麦《そば》と稗《ひえ》を播《ま》きます。そのとき、なぜか小さな子ども四人が見えなくなります。そして次の年には馬を飼い始めるのですが、その年には農具が消えてなくなります。その次の年の夏には畑も広がり、大きな納屋もできたと喜んでいたのですが、霜の降りるころに納屋にあった粟《アワ》が全部なくなります。

最初の年に、「みんな」が〝童《わらし》を知らないか〟と聞くと、森は〝知らない〟と答えますが、〝探しに行くぞ〟と叫ぶと〝来い〟と言います。ここで興味深いのは、「そこでみんなは、てんでにすきな方へ向いて、一緒に叫びました」とあることです。みんながすきな方へ向いて一緒に叫ぶという関係はとてもおもしろく、魅力的だと思いませんか。それぞれ独立した存在でありながら一体感のある関係は、集団としてもっともよい状態ではないでしょうか。農業を始めたときは、このような集団だったのです。

ところで、子どもたちは狼森にいました。狼たちと一緒に栗や茸をご馳走になっていたのです。おとなたちが来たのを見て狼は奥の方へ逃げ、「うんとご馳走したぞ」と叫びます。子どもを連れ帰った「みんな」は、子どもたちをもてなしてもらったお礼に粟餅《あわもち》を狼森へ置きにいきます。

狼は、狩猟採集の時代は自然の側の力を代表する存在です。その狼が見守ってくれている。つまり自然の力に支えられてこそ、農業は成り立っているのであり、それに気づいたおとなは粟餅でお礼をします。まだ自然と人間の行為のバランスがとれていることが感じられます。

次の年に農具がなくなったときも、同じように、「めいめいすきな方へ向いていっしょにたかく叫びました」「おらの道具知らないかあ」と。ここで消えたのが農具であることに注目します。みんなは「大きな刀」ももっています。身を守るために必要と考えてのことであり、いわば武器です。一方、農具は日常の道具であり、人間社会では攻撃性をもっているものとは考えられていません。しかし自然の側から見たらどうでしょう。どんどん畑を広げていくのですから、放っておくと危ないぞと受けとられているのではないでしょうか。再び森とのやりとり

居なくなつた子供らは四人共、その火に向いて焼いた栗や初茸などをたべてゐました。
狼はみんな歌を歌つて、夏のまはり燈籠のやうに、火のまはりを走つてゐました。

（菊池武雄「狼森と笊森、盗森」挿画
『イーハトヴ童話　注文の多い料理店』より）

をした後で探しにいくと、今度は笊森にありました。笊森の山男は、「おらさも粟餅持って来て呉《け》ろよ」と求めます。粟餅を届けたのはもちろんです。

ところで次の年にはその粟がなくなってしまいます。納屋に入っており、森への贈り物としても使われてきた粟がなくなってしまいました。納屋があり、そこに入っている粟は、作物に少し余裕ができたことを表しています。農民としてみれば生活が豊かになりすばらしいということになりますし、そこで止まっていればこれまでとそれほど大きな違いはありません。

けれども農業の歴史を見ると、このような余裕ができたことで商取引が始まり、まさに現代社会につながる自然と離れたところでの約束事が次々にできていく人間社会が生まれてくるのです。賢治はここに気づいていたということでしょう。鋭いです。その後の経緯はこれまでより複雑ですので、この部分については後の考察の場で触れます。とにかく粟は返ってくるという形で、この部分は終わり、そして物語はこう結ばれます。

さてそれから森もすつかりみんなの友だちでした。そして毎年《まいねん》、冬のはじめにはきつと粟餅を貰《もら》ひました。

しかしその粟餅も、時節がら、ずゐぶん小さくなつたが、これもどうも仕方ないと、黒

坂森のまん中のまつくろな巨きな巌がおしまひに云つてゐました。

森に挨拶をして農耕を始めた「みんな」は、決しておごりたかぶっているとか支配欲にかられているという人たちではありません。でも、家が大きくなり、納屋ができ、馬を飼い、新しい作物が収穫できるようになると大喜びします。森たちは少し心配になったのではないでしょうか。そこでまず子どもたちを隠します。次の世代につなげていくには、もう少し森のことを忘れずにいるように、という警告のようです。

「子どもたちを本当に大切と思うなら、彼らが生きものとしていきいき暮らしていける社会を手渡すような農業を進めなさい」と言っているのではないか。私の今の気持ちを素直に述べるならこうなります。子どもたちがいなくなったのは、新生活の厳しさの中での小さな者たちの死を意味しているのかと想像し、狼に連れていかれた子どもは食べられてしまうのではないかと心配しましたが、燃える火のまわりで歌っている狼と一緒に、焼いた栗や初茸《ハツタケ》を食べていました。

ここでは人間と動物の関係は、まだ『なめとこ山の熊』の場合と同じなのです。

交換から贈与へ——新しい知への道

賢治の物語に見られる人間と動物の関係を表現する言葉として、思想家で人類学者の中沢新一さんが提案する「対称性」が浮かびます。私たちの脳は物事を分析するときに二項で考える、つまり「二項論理」が得意です。日常何かを考えるときも、いつも善か悪か、男か女かなどと分けて考えているように思います。とくに科学はもっぱらこれで考えを進めます。だからこそ多くの成果が得られたのです。

そこで、この便利さや有効性を認めながらも自然について考えるときは、ここに問題があるのではないかという問いを立て、私としてはそこにだけこだわらずにあいまいさも含む生命誌という知を探しだしました。科学の場合、二項論理でつきつめ、究《きわ》めたときに理解できたとしますが、生命誌は物語り、描くことでしか表現できません。人類が表現を始めたときに生みだしたのが神話であることから、ここで物語り、描きだすものは新しい神話であるとしてもよいのではないかと考えたりもしました。

そのとき中沢さんの〝対称性の論理〟を思い出し、取り入れさせていただきました。「動物や植物や社会関係という具体的な事物を、論理を操作するための『項』として用いる」という点では、神話と科学の間に本質的な違いはないと中沢さんは指摘します。しかし神話は、現実の世界をつくっているさまざまな非対称的な関係を否定したり、乗り越えてしまおうとするのです。これが〝対称性の論理〟です。つまり、神話では人間を特別視しません。ここでは、農業が太陽からの恵みを受けて実り（農作物）をもたらすように、人びとが物を分け与え、受けとる営みの中に信頼が生まれ、自然とのつながりもよみがえります。商業や経済の世界ではあたりまえとされる等価交換ではなく、純粋な〝贈与〟が行なわれているのです。神話の世界では言語は詩を生み、人間は宇宙の一部とされます。二項論理で、科学によって得たさまざまな知識をどのように表現していったら神話と同じ物語が生まれ、一つの知ができあがるのか。これこそ生命誌のテーマです。

もう少し模索が続きますが、この物語の狼森の狼たちが火を囲んで歌い、小さな子どもたちにご馳走をする場面を思いうかべながら、賢治と語りあうことが、新しい知への道につながっていることは確かです。このご馳走へのお礼にみんなは粟餅をこしらえて、狼森に置いてきました。そのときここで起きたのは〝交換〟ではなく〝贈与〟であり、まさに対称性の世界です。

農業の始まりの物語

次に隠されるのが農具であることの意味は、すでに簡単に触れました。最初にあるように、四人の百姓は山刀や三本鍬や唐鍬という道具をもってこの地にやってきました。また武器となる大きな刀ももってきました。けれどもここで隠されたのは刀ではなく、農具です。「みんなは、今年も野原を起して、畠をひろげてゐましたので、その朝も仕事に出ようとして農具をさがします」。でも見つかりません。

問題は、野原をどんどん畑に変えていることです。森は、農具という人間だけがつくりだし、使用できるもののもつ危うさに気づいたのです。農業がつくりだす風景は緑に満ちています。けれどもそれは決して自然ではありません。この物語で明確に記されているように森こそ自然であり、それと人間がどうつき合うかは重要な問題です。

人間は十分な食べものを得ようとします。ところで、ここで「みんな」がつくっているのは畑です。今、私たちに最もなじみ深い農村風景は田んぼです。けれども当初日本列島に暮らすことになった縄文人は本格的なイネづくりをしてはいません。この物語の「みんな」は畑をつくっているので、私はこれは農業の始まりの物語だと思ったのです。森にお断りをして畑をつくっている。……まさに人類が他の生きものにはない人間としての暮しを始めたところが描かれているからです。現在も畑をつくるために森を焼く、いわゆる焼畑農業は行なわれています。そして森は心配し続けているのです。

ところで、日本ではその後主要穀物はイネとなり、田んぼが生まれます。田んぼは人間の知恵をつくしたみごとな生産の場です。水を入れた田んぼは、川の水を入れるときに養分が入るので、毎年同じ場所でイネを育てられます。雑草は生えにくく、水の中にさまざまな生きものがいる豊かな生態系をつくっています。日本人は田んぼのある風景が大好きです。早苗の植えられた緑の風景も、秋の実りのときの黄金色も、眺める人の心を穏やかにさせてくれます。もっとも農薬や合成肥料を用いるようになった現代の農業は、穏やかな気持ちで見ているわけにはいかない問題をたくさん抱えていますが。

賢治は農業の中にある人間の知恵に強い関心をもっているからこそ、その根っこにある問題点を指摘したのだと思います。

森の心配を受けとめる

緑であることに油断してはいけないと、森は警告しています。農具を使える人間は、この道具をどんどん改良して、野原を次々と畑に変えていくでしょう。今に森まで変えてしまうかもしれないと、森は心配しているのです。確かに今、私たち人間は大きな森を壊しています。しかも農業革命の次の大きな変革である産業革命によって、今では地球環境の破壊が行なわれていますが、ここでは話を農業にとどめておきます。問題は農業の中にその芽があることなのですから。森の心配を受けとめて、自然の一員としての上手な生き方をここから考え始めなければなりません。

農具を隠したのは、狼ではなく笊森の山男でした。これは、狩猟採集時代の人間を意味しているのかもしれません。四人の男たちは、他の動物がもつことのない道具を用いはしましたが、自然の一員としての則《のり》は越えずに暮らしていた時代の人間です。ここでの「みんな」は、山男の様子からこれはいたずらだと受けとめ、

あつはあつはと笑つて、うちへ帰りました。そして又粟餅をこしらへて、狼森と笊森に持つて行つて置いて来ました。

となります。確かに山男は、「大きな口をあけてバアと」言うのですから、敵対心をもっているとは思えません。人間としての共感をもちながら、しかし自然への向き合い方には気をつけろよ、とたしなめているように見えます。人類の歴史として考えると、この時点で考え直せば

よかったのでしょうが、そうはいかずに自然を支配する方向へ動いてしまったのが実情です。

笊森の山男は、「おらさも粟餅持って来て呉れよ」と言い、「みんな」は狼森と笊森に粟餅を置いてきます。このような対応をしたのに、「みんな」はその後も畑を広げ平らなところはすべて畑にして、「うちには木小屋がついたり、大きな納屋が出来たりしました。それから馬も三疋《ひき》になりました」となります。本格的な農業になり、小型農村の誕生です。そして、

その秋のとりいれのみんなの悦《よろこ》びは、とても大へんなものでした。

今年こそは、どんな大きな粟餅をこさへても、大丈夫だとおもつたのです。

となるのです。

備蓄も十分あり、生活としてはめでたしめでたしですが、人間の欲望にはきりがありませんので、このあたりから森との関係が危うくなります。どんな大きな粟餅をつくっても大丈夫という気持ちは、自分たちが少し我慢をし、感謝の気持ちをこめて〝贈与〟するという関係から少し離れていきます。大きな大きな粟餅を森に置いてくれれば、かなり大胆な開発も許されるという〝交換〟への転換です。

本格化した農業には、このような性格があります。ここにはまだ現れていませんが、余剰生産物は商品になりますから。「みんな」の生活にこのような変化が起きる中で、ある日、納屋の中の栗がすべてなくなります。そこでこれを探しにいくと、狼森、笊森はもちろん、盗森も〝知らない〟と言います。ここに、タイトルにはないこの物語の語り主である黒坂森が登場し、〝だれか別の奴がもっていった〟と言うのです。

けれども、盗森という名前が気になります。「名からしてぬすと臭い」と言って森へ入ると、「手の長い大きな大きな男」が出てきます。しかし〝おれは盗人《ぬすと》ではない〟と言うので、「みんな」が諦め始めたところへ、岩手山の声がします。〝ぬすとは盗森なので栗を返させるが、森は自分で栗餅をつくりたかっただけなので、悪く思わないように〟と。このあたりは読みとりがむずかしいところです。

手の長い大きな大きな男で〝盗《ぬす》〟という名前がついているのは、今の私たちの中にある、どこか後ろめたい部分を表しているのかもしれません。生産性を高め身分差をつくり、とどまることなく本来の自然から離れていく現実の中で、どこかにそれへの疑問を抱く自分もいる、というのが今の私たちです。岩手山が〝盗森は自分も栗餅をつくりたかっただけだ〟と言っているのは、「みんな」と「盗森」はともに生きる道を探れるということではないでしょうか。

家に帰ると栗は戻っていたので、みんなはまた栗餅をつくって四つの森にもっていきました。賢治はここで、「それから森もすっかりみんなの友だちでした」と書いています。やはりともに生きる道を探ろうということだろうと受けとれます。ただ、〝栗餅がずいぶん小さくなっている〟のが気になりますけれど。

もう一度、「みんな」を考える

ところで、前述したようにこの物語では四人の百姓はいつも、必ず「みんな」として動いています。とくに森とのかかわり、つまり自然との関係では必ず「みんな」で向き合います。賢治の童話にはよく見られる、似たことの繰り返しがここにもあり、その中に微妙な心の動きを見ることができます。

最初、森に囲まれた野原に着いて、〝ここで暮らしてよいか〟と森に聞くときは、「四人の男たちは、てんでにすきな方へ向いて、声を揃《そろ》へて叫びました」とあります。まだ四人がそれぞれなのです。けれども次に子どもを探しにいったときは、「みんなは、てんでにすきな方へ向いて、一緒に叫びました」と、「みんな」になっています。農具探しのときも「みんなは（…）めいめいすきな方へ向いて、いっしょにたかく叫びました」とあります。

そして最後に栗を探すときは、「みんなはがつかりして、てんでにすきな方へ向いて叫びました」となります。農耕を始めた四人は、「みんな」という集合体として生きていくことが大事であり、そうやってこそ畑も広くなっていったのです。ここで興味深いのは、いつも「一緒に」ではあるけれどそれぞれが「すきな方を向いて」叫ぶところです。自然と向き合うときは、多様性が必要ということではないでしょうか。

工業製品を生産する工場だったら、一緒に同じ方を向いて叫ぶことになるでしょう。そうでなければ事は進みません。自然とのかかわりの場合は、こっちも大事だけれどこれもおもしろいよね、とそれぞれの思いをもちながら一緒にやっていくことができますし、むしろそれが大事なのです。これは、今の社会のありようを変えていきたいと考える場合に、とても大事なことです。

ところで最後の栗探しのところでは、「てんでにすきな方へ向いて叫びました」だけになっていることに注目します。「声を揃えて」とか「一緒に」という言葉が消えました。てんではよいけれど、自分勝手はダメというのが生きものの世界です。バラバラでなく、どこかでつながっていること、共通性があることが生きものにとっては重要です。

栗餅を贈ることが〝贈与〟から〝交換〟に変わっていった変化は、心の底にあるつながりを切って、自分勝手になっていく動きを反映していると言えましょう。この微妙な変化は私たちが歴史を重ね、自然に対する態度が少しずつ変化したことと関連して考えるところだと思います。そのような変化をしてもなお、ここでの「みんな」は森と友だちになって、粟餅が小さくなるときもありながら暮らしていきました。まったく離れていくことはなかったのです。このような生き方をしようという賢治の思いを、巌が語ってくれた。私にはそう思えます。

農業の見直しという目でこの物語を読みました。賢治を読んでいると、農業を重視しながらどこか揺れている感じが否めず、これまではそれをなぜだろうと疑問に思っていましたが、自覚の有無はともかく、農業がもつ危うさを直観していたからこその揺れだったのだと理解できます。それがわかったからには、生命誌を基本に置き、ハラリやダイアモンドが〝史上最大の詐欺〟とまで言った農業を見直し、この物語の中の「みんな」のように、森と友だちでありながらの農業を考えたいと思います。これは農業だけの問題ではありません。ここを出発点として、社会は個の重視に向き、協働よりも競争へと向かったのです。もう一度、「みんな」を考えることは現代社会の見直しにつながります。

4　『農民芸術概論綱要』――「芸術こそ生活」と若者に伝える

若者たちの授業で見せた情熱

農業についてもう少し考えます。前項で扱った『狼森と笊森、盗森』が書かれたころ、賢治は農業学校の先生としての生活を送っています。賢治はいったい何者だったのかと考えると、さまざまな顔が浮かんできます。もちろん童話作家であり詩人ですが、社会人として報酬を得たのは、農業学校の先生としてでした（亡くなる前に石灰肥料の販売をしましたが、うまくいっていません）。

賢治は農業を生活を支える基本として重視していましたし、また自身の思いを若者に伝えたい、教えたいという気持ちを強くもっていました。しかし、胸の中には単に教科を教えることへの疑問、農業のありようはこれでよいのだろうかという悩み、本当に農業が大事と思うなら、教室で講義をしているのではなく農民になるのが本来の生き方だという判断など、さまざまな思いがあったようです。しかも、賢治が思う農業は単なる生産活動ではなく生活そのものであり、そこで大きな役割をもつのが演劇・音楽などの表現であったことをとても興味深く思います。

豊かな暮しを求めての活動は、ものづくりにとどまらず心の豊かさも必要とするのは当然であり、生きることをまるごと考えようとすると、そこには当然自らを表現することが含まれます。実は、賢治の農業や農民への思いを見ていると、私が生命誌に求めていることと重なりあうのです。

生命誌は、科学によって得られる知を基本に置きますので、科学の一分野と誤解されることも少なくないのですが、私が考えたいのは「生きているとはどういうことか」なのであり、それに必要なことはすべて取りこんでいきたいと思っています。それを知るには小さな生きものたちの生きる姿を見つめ、その科学的な解明が必要です。しかし、大事なのは生きるという全体を知ることです。それには、自然の中から得たことを表現し、多くの人と共有しながら考えていくほかありません。ですから、演劇・音楽・芸術・文学などの表現は、生命誌の一部なのです。

二五歳の一二月に花巻農学校の先生になった賢治が、「やはり百姓になるのだ」と言って学校を辞めたのが二九歳の三月ですから、四年ちょっとの間しか先生をしていませんでした。その間生徒たちからは〝よい先生〟と評価されています。しかし、本当に自分が教えたいことは何かを真剣に考え続けていたがゆえに、自分では満足できなかったのでしょう。

そして教職を辞める年に、花巻農学校に開設された岩手国民高等学校で講義をしたときのテキストである『農民芸術概論綱要』には、賢治の思いが込められています。綱要の目次ともいえる『農民芸術概論』と綱要の一項目をめぐるメモといえる『農民芸術の興隆』の三篇を合わせても、文庫版で一六ページほどの小さなもので、ほとんどが講義用メモなので読み解くのはむずかしいところがあります。

ただ全集の解説に、当時の受講生が「序論から結論までの十章を先生は熱意をこめて講義して下さったものです」と語っているとあり、〃その後、羅須地人協会の活動として断片的な講義はあったが、まとめての講義はなかった〃という説明もあります。生徒が、そのとき受講できたことを、「私共の大いなる幸福の一つであったと思っております」と言っているのが印象的です。

私にも「大いなる幸福」といえる授業や講義を受けた思い出があります。教育のすばらしさは、先生の語る内容が先生の思いとともに、生徒たち一人ひとりの心の中に幸福として残り続けることにあるのではないでしょうか。賢治がたった一度でも、このような時をもてたと知り、とてもうれしくなります。

賢治とは何者か、と考えると、つねに何かを求めながらいつも未完でいるというイメージです。客観的に見てもそのようなところがありますが、それ以上に自分の中でつねに未完を意識していたような気がします。もちろん人間に完成はあり得ませんが、それでも、可能なレベルに目標を置いてそれなりの達成感を感じながら生きていくのが凡人の知恵です。未完を意識しすぎるとつらいですから。賢治を読みながら、その未完意識にときにつらさを感じるものですから、〝この講義を聞けたのが最大の幸福〟と語る生徒の言葉にほっとした次第です。

概論の基本のところだけ引用します。

農民芸術の興隆

……何故《なぜ》われらの芸術がいま起らねばならないか……

曾《か》つてわれらの師父たちは乏しいながら可成《かなり》楽しく生きてゐた

そこには芸術も宗教もあった

いまわれらにはただ労働が　生存があるばかりである

宗教は疲れて近代科学に置換《ちかん》され然《しか》も科学は冷《つめた》く暗い

芸術はいまわれらを離れ然もわびしく堕落した

いま宗教家芸術家とは真善若《も》くは美を独占し販《う》るものである
われらに購《あがな》ふべき力もなく　又さるものを必要とせぬ（…）

ここに書かれたものは講義メモであり、まさに概論ですので、その本質を知ることは私にはむずかしいと言わざるを得ません。けれどもここに書かれたものを生命誌とつなぎ合わせると、まさに今、私が求めていることが見えてくるのです。人間は生きものであり、生きものとしていきいきと生きる社会を求める中でおのずと生まれてきた生命誌のコンセプトと同じものがここにはあります。ここで「農民」という言葉で示されるものは、生きものを意識して日常を送る「生活者」と重なります。

「序論」ではまず、「……われらはいっしょにこれから何を論ずるか……」と出てきます。そして、

おれたちはみな農民である　ずゐぶん忙しく仕事もつらい
もっと明るく生き生きと生活する道を見付けたい（…）

という現実が語られます。これを語る賢治の目に浮かんでいたのは、大正時代の東北の農民の生活であったことは確かです。しかし賢治の「おれたちはみな農民である」という言葉には、「私たちは生活者であり、ちょっとつらい思いをしながら毎日仕事をしています」という、現代社会を生きる人々の思いと同じものがこめられています。「みな」という言葉はそれを意味しているのではないでしょうか。『狼森と笊森、盗森』で農業を始めた集団を語るとき、賢治は「みんな」と言っていました。一体感をもち、上下関係などなしに働く仲間です。ここでは一人ひとりが主体性をもちながら、つねに仲間とともにある自分を意識して「みんな」と言っています。一方、ここで用いられている「みな農民」の「みな」はすでに社会に階層ができ、その中で生きる姿がこめられています。一人ひとりが共同体の一員として生きる「みんな」を求めよう。賢治とともに思います。

世界全体の幸福のために——「ほんとうの幸せ」を求めて

今（二〇二〇年）、アメリカ合衆国の大統領選挙が終わり、共和党のトランプ現大統領を民主党のバイデン元副大統領が抑えたことがわかり、正直ほっとしました。生きることはいつだって生やさしいことではありませんが、二一世紀に入ってからの社会は、性や人種の違い（違いは存在しないことが、生物学ではすでに明らかになっています）などによる差別が顕在化し、経済的には格差を大きくする方向へ動きました。トランプ大統領はそれを加速させました。経済の動きも実際の物や暮しとは離れたところでの金融に動かされており、格差はより大きくなっています。この流れの原点を辿ると農業革命へ戻ると知ったことが、ここでの問題意識ですので、格差には敏感にならざるを得ません。

そこで、賢治が言う「おれたちはみな農民」の「みな」の中には私も入っているという気持ちで読んでいきます。私が今、もっとも望んでいることもまさに、「みながもっと明るくいきいきと生活する道を見つけたい」ということです。賢治はこの言葉の後に、「世界がぜんたい幸福にならないうちは個人の幸福はあり得ない」と言います。これは『雨ニモマケズ』と並んでもっとも人口に膾炙《かいしゃ》している賢治の言葉であり、確かに賢治らしい響きをもっていますが、一方で、それではかけ声にしかならないと受けとめられてしまうフレーズでもあります。生命誌の中では、これを具体的な形で考えています。

〝ぜんたいの幸福〟という言葉を見てすぐに思い出したのが、最近よく耳にする持続可能な開発目標（ＳＤＧｓ）とともに語られる、「だれ一人取り残さない」という言葉です。

ＳＤＧｓは国連が先導する国際的な活動で、電車の中で一七色に塗り分けられたきれいなバッジをつけている男性を見かけることが増えてきましたが、この一七色はＳＤＧｓ推進の印です。国連は当初、国家間での格差を解消するには、開発と経済成長で豊かさを求めることが重要としました。けれどもすぐにその方法の問題点が見えてきました。

一九六〇年代に入ると、経済成長を求めての生産活動拡大の結果、資源の枯渇や環境破壊、それらによって起こる健康被害などの問題が出てきました。日本では公害とよばれ、大気汚染とその結果起きる喘息などが問題になりました。なかでも有機水銀による海の汚染とそこから獲った魚を食べて起こる神経障害、つまり水俣病は、現在もまだ考えなければならない課題をたくさん残しています。世界中に同じ問題があります。

その中で、よりよい生活を求めるには、単なる開発ではなく、よい環境を保証する、いわゆる「持続可能な開発」をする必要があるという考え方が出てきました。とはいえ現実には開発と経済成長優先の社会は続き、環境問題は地球規模で深刻化しています。異常気象や自然災害の増加、さらには新型コロナウイルス感染のパンデミックなど、環境悪化の問題点が目に見えるようになってきました。とくに、二酸化炭素やメタンなどの温室効果ガスの大量排出を抑制しなければ、異常気象が続き未来が危ないと多くの人が危惧する事態にまでなった今、やっとＳＤＧｓへの関心が急速に高まってきました。ここで、スウェーデンの少女グレタさんのひたむきな思いと、思いきった行動の影響も忘れてはなりません。「おとなたちに未来を壊されるのは嫌だ」と率直に語る姿が、世界を動かす力になったのですから。

もっとも、SDGsのバッジをつけている企業人の意識は、ここにビジネスチャンスがありそうだというところにあるのだろうと思いますが、ここは一歩譲ることにしましょう。ビジネスとして考えるにしても、とにかく考えるべき問題点としてあげられた一七の項目*を考えることによって、国連が明確に示している「だれ一人取り残さない」というフレーズが、頭の隅に入るようになるのはよいことだと思うのです。

＊1．貧困をなくそう　2．飢餓をゼロ　3．すべての人に健康と福祉を　4．質の高い教育をみんなに　5．ジェンダー平等を実現しよう　6．安全な水とトイレを世界中に　7．エネルギーをみんなに そしてクリーンに　8．働きがいも経済成長も　9．産業と技術革新の基盤をつくろう　10．人や国の不平等をなくそう　11．住み続けられるまちづくりを　12．つくる責任 つかう責任　13．気候変動に具体的な対策を　14．海の豊かさを守ろう　15．陸の豊かさも守ろう　16．平和と公正をすべての人に　17．パートナーシップで目標を達成しよう

ただ、本音で語るなら、ここからもう一歩踏みこんでほしいのです。「取り残さない」には

どこか上から目線が感じられます。〝かわいそうな人を助けましょう〟というニュアンスです。地球に暮らすすべての人は同じ仲間なのだから、一人ひとりが主体的に行動し、皆で一緒に暮らしやすい社会をつくろうというところまで思いを深めていかなければ、この危機は乗りきれないのではないでしょうか。

新自由主義と金融資本主義で動いている二一世紀の大きな課題は、格差です。国連が最初に掲げたのは国家間の格差であり、今もそれは考えるべき課題ですが、過剰な競争を強いた結果、先進国の中での個人の格差が広がっています。食事が満足にとれないアフリカの子どもたちのことを考えるのと同じように、日本でも、日々の食事を求めている子どもがいることを考えなければならない状況です。

こんなことが起こるとは考えてもいませんでした。「世界がぜんたい幸福にならないうちは個人の幸福はあり得ない」と言ったときの賢治も、このような社会をイメージしてはいなかったでしょう。「世界がぜんたい幸福になる」は、まだまだ全体が貧しい中での発想でした。

けれども今、社会としては豊かになったと言える時代になって、改めて言わなければならないのが、「だれ一人取り残さない」になったのです。人間ってしょうがない奴だなあと苦笑せざるを得ませんが、それでもやはり私は人間が好きなので、人間を信用して「一人ひとりがいきいき暮らせる社会」へという生命誌が求める道を探ることにします。取り残さないという ちょっと上から目線から一歩進んで、「みんな」で一緒に考え、助け合い、賢治の言う「ほんとうの幸せ」を求めて。

5　農民芸術について——生きることの中に芸術はある

前にも触れましたが、生命誌という切り口で賢治の作品を読んでいますと、賢治が取りあげている農民は、生活者と読みかえられることに気づきます。現代社会では、農林水産業など自然と直接かかわる第一次産業、工場での物質生産や建設業などの第二次産業、商業、金融、運輸、情報通信、サービスなどの第三次産業のうち、第一次産業に従事する人は少なくなっています。

そうは言っても、生きものである以上〝食べない〟ことはあり得ませんし、一人ひとりの生き方や社会のありようを考えるときには、「食」を切り口とすると実態がよく見えます。つまり農林水産業のありようは、その社会のもつ問題点を浮き彫りにするのです。生活者としては、都会の高層マンションでコンピューターを駆使して金融業に携わっている人の姿ではなく、自然や人間に直接触れて働いている人を思いうかべるのが社会をつくるうえで大事です。

賢治を読んでいる途中で、新型コロナウイルスによるパンデミックという思いもよらないことが起きました。「思いもよらない」と書きましたが、これを書きながら正直なところ「またか」と思っています。自然はいつだって思いがけないものであり、機械に慣れてしまって、思いどおりに動くのがあたりまえと考えて行動してはいけないと、これまでも何度考えたかしれません。

二〇一一年三月一一日の東日本大震災のとき、東京電力福島第一原子力発電所で起きた事故に多くの人が「想定外」という言葉を使いました。そのとき違和感を覚えたことも、ついこの間のことのようです。「思いがけないことは起きるものであり、想定外という言葉はおごりの気持ち以外の何物でもない」と技術者である友人に語ったことももちろん忘れてはいません。ウイルスの感染拡大も同じことです。何が起こるかわからないのが自然であり、私たちはいつだってそこで生きているのだと再確認しながら、パンデミックの中で毎日を送っています。

新型コロナウイルスの問題を根本から考えるのは別の機会に譲りますが、そこでできた「不要不急」という言葉の中に、芸術活動が入れられたことに触れないわけにはいきません。賢治が強い関心をもっていた農民芸術を思い起こすと、芸術は本当に不要不急でしょうか。少なくとも賢治の作品で考えられている農民芸術は生活の基本ですし、考えてみれば私たちが日々接している音楽や絵画だって生活の一部です。

二一世紀は生命科学の時代と言われ、日々最先端技術が開発されていると聞かされているのに、いざ新型ウイルスが現れたら、皆でおろおろしているのが実態です。当面、マスク、手洗い、接触回避という昔ながらの対策しかないというわけで、音楽会も演劇もダンスも「人々の接触を避けられませんね」と言われ、公演ができなくなりました。ワクチンや抗ウイルス剤の開発で感染を抑えられるまでは、一人ひとりが注意するほかないことはわかります。けれども一方で、「不要不急の外出はしないように」という通達で音楽会が開けなくなると、音楽は不要不急であると位置づけられたことになってしまいます。ピアニストやヴァイオリニストの友人の悩みをたくさん聞きました。当面、大勢が集まることを避けなければならない事情は認めるとしても、芸術が不要不急のものではないことは明らかです。

賢治が農民芸術で考えた、「曾ってわれらの師父たちは乏しいながら可成楽しく生きてゐた　そこには芸術も宗教もあった」という言葉は、本来生きることの中に芸術があることを示しています。この文の後の方には、「ここにはわれら不断の潔く楽しい創造がある」とありますが、そのとおりです。

『モモ』
ミヒャエル・エンデ作・絵

賢治の考える農民芸術は、農民に限らず私たち生活者の芸術であり、奇しくもパンデミックの中で考えることになった「生きるとはどういうことか」という問いと重なるものです。「今の社会では人々が自分らしく生きていると言えるだろうか」という問いはいつも私の中にあり、ここにある賢治の言葉が思い起こされるのです。賢治はここで、〃近代科学が心の問題を消してしまい、しかも科学は暗くて冷たいものだ〃と書いています。

確かに科学にはこのような面があります。『モモ』（大島かおり訳　岩波書店、一九七六年）を書いたミヒャエル・エンデも、科学に対して同じイメージをもっているのがわかります。ひとりの少女が、人々の暮しの中のゆとりを奪う「時間どろぼう」から、時間を取りもどす物語には、現代社会への痛切な批判が込められています。

科学の中で過ごしながら、あるとき同じような問いを抱いた私は、賢治やエンデの言葉を吟味し、彼らの言う冷たさが科学の本質だろうか、と考えました。確かにこれまで行なわれてきた科学研究は対象が生きものであっても、それを機械のように見て、その構造と機能を調べることですべてを理解しようとしてきたところがあります。けれども二一世紀に入って、たとえばDNAも遺伝子という単位ではなく、ゲノムという総体を調べられるようになり、少しずつ「生きているとはどういうことか」という問いを立てて考えるようになってきました。小さな花を調べ、虫たちに関心をもち、自然の美しさの底にあるさまざまな法則を見出す作業は、自然の美しさに触れずにできることではありません。

科学を捨てずに科学の冷たさから離れることを試みているのが、生命誌です。賢治はもちろんエンデも、科学の中から、複雑系に目を向けて、自然を素直に見つめようとする知的活動が生まれるとは思っていなかったのです。その後急速に新しい知を求める動きが出てきました。生命誌もその一つです。ですから賢治やエンデに現在の動きを伝えたら喜んでくれるに違いないと思います。

生命誌では研究からわかってきたことを表現するときに、できるだけ美しく、できることなら芸術として評価される見せ方を試みています。とくに努力をしているのではなく、生きものたちに動かされた自分の気持ちをただ表現したいと思ってのことです。生活の中に芸術があるように、科学研究の中にも芸術があります。科学は科学者だけのものではありませんし、芸術は芸術家という専門家だけのものではないのです。

『農民芸術概論綱要』はとても本質的な視点を示しており、生命誌の思いとピタリと重なります。

終章
〝わからない〟を楽しむ

1　『グスコーブドリの伝記』――3・11の体験が求める原点

私は宮沢賢治をよく読みこんでいるわけではありません。けれども二〇一一年三月一一日の東日本大震災の後、いったい何をしたらよいのかわからなくなったときに開いた本が、賢治だったのは単なる偶然ではありません。自然って何なのだろう、人間って何だろう、どう生きたらよいのだろう、自然とのかかわりは……。次々生まれてくる疑問の答えを探すにあたって、どこかによりどころがほしかった。そのとき浮かんできたのが賢治でした。

まず読んだのが『グスコーブドリの伝記』でした。うろおぼえでしたが、東北の地の大地震とそれによって起きた自然災害、そこに科学技術がかかわるということが、この作品の「科学技術による噴火とそれによる死」という内容と、どこかつながって思い出されたのでしょう。

興味深いことに、一〇年たって読み返すと、今関心のある農業の問題とつなげて現代社会のありようを見直すというテーマが、この作品にも強く出ていると感じられます。生命誌の中でいろいろなテーマを探っていると、必ずと言っていいほど賢治に出会います。

グスコーブドリが生まれたのは、イーハトーブの大きな森の中です。お父さんは木こりで、ブドリと妹のネリは木の実を採ったり、森の木にその名を書いたり、鳩《はと》と一緒に歌ったりしながら暮らしていました。お母さんが小さな畑で麦を育てていますが、一家の生活は森に守られていたと言ってよいでしょう。私たち人類は森で誕生しましたし、日本では縄文時代、森とのかかわりから社会が始まりました。

賢治の物語では、なめとこ山の森の小十郎の熊撃ちとしての暮しは、森と人間とのかかわりを描いたものです。『狼森と笊森、盗森』では、農民たちがいつも森にお伺いを立ててから仕事をしていました。小さな畑に麦を播《ま》くブドリのお母さんも、森と話しあいをしているに違いありません。縄文時代の生活にも、栗の木などを育てるところから始まって、農耕へと移っていく様子が見られます。ブドリ一家の生活もそれに近いものに思えます。縄文時代と重ねると、自然を生かしたある意味豊かな生活が浮かびます。ところがブドリが一〇歳、ネリが七歳になるころ、

お日様が春から変に白くて、いつもなら雪がとけると間もなく、まつしろな花をつけるこぶしの樹もまるで咲かず、五月になつてもたびたび霙《みぞれ》がぐしやぐしや降り、七月の末にな

つても一向に暑さが来ないために去年播いた麦も粒の入らない白い穂しかできず、大抵《たいてい》の果物も、花が咲いただけで落ちてしまったのでした。

この年はいちばん大事なオリザ（イネ）は一粒もできませんでした。このころにはイネを育てる、つまり田んぼが生活を支える大事なものになっていたことがわかります。日本の歴史に重ねるなら、弥生時代へと動いていく姿です。お米は日本の風土に合っており、秋に収穫して保存し、一年中食べることのできるすばらしい穀物ですが、天候が不順だとまったくの不作になるところが難点です。

ブドリ一家の暮らす地域では、このころ天候不順が続き、とうとう本当の饑饉《ききん》がきてしまいました。農業は計画的な作業ができ、安定した生活を支えるようでありながら、自然の影響が生やさしいものではないところに問題があります。東北地方は旱魃《かんばつ》や冷夏のために凶作や饑饉になることが多く、賢治は実際に身近でそれを体験していました。実家が農家でないだけにことさら、農民たちの苦しみを脇で眺めるしかない状態はなんともつらいものだったのではないでしょうか。

ブドリ一家の出合った饑饉はとてもひどいもので、とうとうお父さんは森に行き、帰ってきません。このとき、「おれは森へ行って遊んでくるぞ」と言うのです。この言葉の意味はすぐにはわかりません。次の晩、お母さんが子どもたちに、「戸棚にある粉をすこしづつたべなさい」と言い残してやはり森に行ってしまいます。

ここから先は私の勝手な解釈です。お父さんとお母さんの世代はいわば「森の人」であり、饑饉は自分たちで解決できるものになり得ていないのではないでしょうか。二人は、大きな森の中にあるものを少しずついただいて暮らす、本来の生活に戻っていったのではないでしょうか。「森へ行って遊んでくるぞ」は、そんな生活を思い起こして出てきた言葉ではないかと想像します。お母さんは、子どもたちのことを思い、何とか次の世代とともに一緒に暮らすことを考えましたが、厳しい状況の中で〝やはり自分は「森の人」なのだ〟と気づき、そこへ帰っていきました。

これはいわば世代交代であり、時代の変化です。ブドリとネリは次の世代を生きる人として、戸棚にあった蕎麦粉やこならの実で飢えをしのぎ、この生活を続けていくことになります。農業の時代の生き方です。つねに饑饉に襲われるかもしれない恐さと隣り合わせの生き方ですが、私たちの祖先はこの道を選びました。

ところで、しばらくすると、残されたブドリとネリのところへ一人の男が現れ、〝これからの生活を助けよう〟と言って食べものをくれます。ただ、〝二人は助けられないので、強い男の子は一人で生きなさい〟とネリだけを連れていきます。ネリを連れていったのはだれでしょう。平凡な想像ですが、賢治のころの東北では農村での口減らしと家計の助けのために、女の子が町へ連れていかれることはそれほど珍しくはなかったのではないでしょうか。日本だけでなく、世界中でも人気になったテレビドラマ「おしん」で、小さなおしんが舟に乗って出ていく、母親との別れのシーンを思い出します。ブドリは森のはずれまで追いかけていきましたが、疲れてばったり倒れ、ネリは男と一緒にどこかへ行ってしまいます。新しい時代も決して甘いものではないことを予測させる生活の始まりです。

目覚めたブドリは、てぐす（天蚕＝テグス）工場に雇われ働き始めます。工場主はそのあたりの土地を買い占めて工場を広げ、森中がてぐす飼いの工場になっていきます。工場主は、「狂気のやうになつて、ブドリたちを叱りとばして、その繭《まゆ》を籠《かご》に集めさせました」。狼森のときも、「森はその人たちのきちがひのやうになつて、働らいてゐるのを見ました」とありましたが、人間は仕事を始めて少しうまくいくようになると、全体を見たり調節したりということなしに、必ずがむしゃらに前へ進むもののようです。

これが賢治の見方ですし、現在の社会を見てもそのとおりだと思います。懸命に働くことは決して悪いことではありません。でもなんだかそのときの人間は、前へ進むことや働く場を大きくすることだけを考えていて、本当にこれが暮しをよくすることになるのか、皆が幸せになるのか、という大事なことは忘れているように見えます。今も同じです。皆が忙しそうにしていますが、本当に大事なことのために必要な労働だと判断して働いているのだろうかと気になります。

生きものを見つめる仕事をしながら、いつもふしぎに思っているのが、なぜみんな大きくしたがるのだろうということです。「生命誌」という新しい知を創る場として研究館を考えたとき、中心になる仲間が五、六人、その周囲に若い人を含めて三〇人くらいで話しあいながら創りあげていくのがよいかなとイメージしました。以来、三〇人の仲間の外側に学生さんやお手伝いしてくださる方を入れて四〇人程の小さな組織で事を進めてきました。私には居心地のよい、しかも思うことがスムーズに進む場で、ありがたいと思って日々を過ごしていました。等身大という感覚です。ところが、「なぜ大きくしないのか」と問う方が少なからずありました。何事にも適正規模があると思うのですが、現代社会には大きいほどよいという価値観が蔓延《まんえん》しています。賢治にも、周囲の人々の中にあたりまえのように存在する、大きくしよう、大きい方がよいのだというやり方になじめない気持ちがあって、そのような場面を書くときに、「きちがひのやうになつて」という言葉がつい出てしまったのではないでしょうか。

しかも、大きくした場でできるだけ多くの収穫と収入を得ようとするので、もっとも重視されるのは効率であり、大量生産です。てぐす工場もそのようにして大きくなっていきましたが、あるとき噴火が始まり、てぐすはみんな灰をかぶって死んでしまいます。逃げるしかなくなったてぐす飼いの男はブドリに、〝早く森から野原へ出て、何かを稼ぐ方がよいぞ〟と言って、どこかへ走り去ってしまいます。

繁栄が続くかと思いきや、ある日突然、災害が起きてすべてを失う。人間には他の生きものと違って自然を支配する力をもち、それを生かして思いどおりの暮しをつくっていけるというある種の思い上がりがあり、それが大型化を求めるのでしょう。ところが、ときに自然の大きな力による災害に遭い、とまどい、考えこむのです。調子いいぞと思っていたら災害が来る、ということのくり返しです。自然の方がとにかく大きいのですから、そこでの暮しは等身大を基本にしなければうまく続くはずがありません。

東日本大震災のときもそうでした。しかもこの場合は東京電力福島第一原子力発電所というある意味、思いどおりの生活を支える力の象徴とも言える施設があったために、被害は甚大になりました。汚染水の処理方法も未解決であり、事故処理が終わるまでに今後どれだけの時間がかかるかわからないというのが実状です。

さて、ブドリは森を出て野原へと歩いていきます。人類の歴史でも同じことが起きています。森から草原への移行は、農耕に進む過程です。歩いていくブドリが最初に出会ったのは、大声で言いあっている二人です。赤いひげの男〔沼ばたけの主人〕が、「何でもかんでも、おれは山師〔投機・冒険をする人〕張るときめた」と言うと、背《せい》の高いおじいさんが、「やめろって云ったらやめるもんだ。そんなに肥料《こやし》うんと入れて、藁《わら》はとれるつたつて、実は一粒もとれるもんでない」とたしなめます。しかし男は聞きません。

ブドリはこの赤いひげの男の手伝いに雇われ、毎日沼ばたけに入って馬を使って泥をかきまわします。そこに主人が熱心にオリザの苗を植え、草取りをします。他の沼ばたけまで手伝うほどの熱心さですから、主人の苗はとくに大きく育っていたのですが、ある日突然病気が出てしまいます。ここで落ちこんだ主人ですが、〝だから皆が山師をやめろと言ったのに〟とおかみさんが泣き始めると急に元気になり、いきなり沼ばたけに石油をまきます。

となりの田の持ち主が、〝何だってひとの田へ石油ながすんだ〟と怒るのは当然です。そこで主人はおかしな理屈を述べますが、石油でオリザが元気になるはずもありません。その年は蕎麦を育て、それを食べて過ごします。やがて主人は、ブドリにいろいろな本を渡して言います。〝おまえがよく勉強して、立派なオリザを作る工夫をしてくれ〟と。

生命誌は、「人間は生きもの、自然の一部」という事実を踏まえたうえで行なうという考え方を基本に置いていますので、主人の懸命さはわかりながらも、つき進む行為に危うさを感じます。賢治も同じでしょう。一方で新しいことへの挑戦は人間の本性であることも事実ですので、それは止めたくありません。賢治は主人に、〝よく勉強して、立派なオリザを作る工夫をしてくれ〟と言わせます。ここで大事な言葉は、「工夫」です。ただ、競争に明け暮れて大きくなろうとするのではなく、よく考えて工夫をこらすこと。これこそ人間の知恵というものでしょう。私も今、社会全体でこれからの社会を暮らしやすくする工夫をしなければならないと思っています。

ブドリはいっしょうけんめい本を読み、その中でも、「クーボーといふ人の物の考へ方を教へた本は面白かつたので何べんも読みました。またその人が、イーハトーブの市で一ケ月の学校をやつてゐるのを知つて、大へん行つて習ひたいと思つたりしました」とあります。けんめいに勉強したブドリは、木の灰と食塩を使ってオリザの病気を食い止めます。

ところが〝次の年は旱魃《かんばつ》、その次の年もひでり〟で、来年こそ来年こそと思っているうちに、こやしも買えず、馬も売り、田んぼも減ってしまうのでした。ついに主人は、〝もう来年はこやしもまったくなくなるので、おまえもここでは働けない。どこかによい運を見つけてくれ〟と言い、「一ふくろのお金と新らしい紺で染めた麻の服と赤革の靴とをブドリにくれました」。まさに農業の物語になっています。工夫をしても、すべてうまくいくとは限りません。それでも、また工夫をしなければならない。いつまでも続きます。きりがありません。農業とはそういうものなのです。

賢治の行動と作品とを見れば、賢治が農業に対して抱いていた複雑な思いがわかります。農業の大切さを意識しながら、しかし周囲で見る農民の暮しのありようにはどうしても納得のできないところがある中、農学校の先生としての四年半、自分の理想とする農業と農民とをイメージしてそれに近づける努力をしていました。

そこには、農業も学問の力を活用してよい作物を十分に収穫できるものにしていかなければならないという思いがありましたし、農民芸術の大切さも語っています。そのうち、教えているだけでは納得できなくなり、農学校を辞めて自身が農耕する人になろうとして、周囲の青年たちを集めて「羅須地人協会」を設立します。けれども本格的農民として地元の人から認められたかと言えば、〝宮沢家の坊ちゃんが理想を掲げているのだけれど、本物の百姓ではない〟と見られていたようです。

そんな中で賢治自身農業のむずかしさ、農民であることの大変さを身にしみて感じていたことでしょう。この物語のてぐす飼いと沼ばたけの話には、いろいろ工夫をして思いどおりに事を動かそうとし、生活を改善していくために働いても、自然は結局思うようにはならず、結局敗退の憂き目に遭うという少々投げやりな気分さえ感じられます。

しかしその奥には、やはり自然の中の人間としての魅力があります。てぐす飼いも沼ばたけも仕事はつらく、結局うまくいきませんが、二人の雇い主は決して冷たい人間ではないことが、別れのときの二人の言葉から伝わってきます。賢治の中に農民を応援する気持ちはずっと存在していたのでしょう。

私は都会で育ちましたので、農作業の具体はまったくわかりませんが、「人間は生きもの」という見方をするようになってから、農業の重要性に気づき、少しでも理解したいと思っています。自然と直接かかわり合う仕事であるだけに、とても複雑な作業であるのに、現代社会の中では、遅れた分野のように位置づけられていることが不満です。

結局は、てぐす飼いも沼ばたけの主人もあれこれ新しいことを試みようとしながらうまくいかないのですが、これは、今の私たちの知識のありようが片寄っているためだと考える方が当たっています。自動車の性能を改良したり、コンピューターに新しい能力を加えたりする技術開発は人工の世界のことであり、一直線の進歩ですみます。しかし、農業は一筋縄ではいきません。

人類の歴史を、農業を始めたところから見直す動きが出ていることは、前章で述べました。これを真剣に受けとめるなら、多様な生きものの中で人間だけがもつ技術をつくりだし、自然に干渉するという能力をどのように用いるかということを、最初から考え直さなければならないはずです。これまでの機械論一辺倒での社会づくりの見直しです。

賢治がここで悩んでいる気持ちも、そこにつながるはずです。当時は、〝農業は人類史最大の詐欺だ〟などという人はいませんでしたから、まさに一人で悩んでいたのでしょう。

「デクノボー」の叡知

賢治といえばだれもが思い起こす『雨ニモマケズ』の詩は、没後に発見された手帳に書かれていたものでした。この手帳は亡くなる前、肺病で苦しんでいるときの病床日記と言えるもので、その中にこの詩が書かれていたということは、それまで多くのことを考え、理想とはほど遠い日、つねに悩んで過ごした三七年間という客観的に見ればとても短い、しかし悩んでいた時間としては決して短くない一生の間の思いが凝縮していると思わざるを得ません。

そこには農村で、「ほめられもせず苦にもされず」に毎日を懸命に生きる普通の人の姿があります。寒さの夏はお米も十分にとれませんから、おろおろ歩くほかなく、「デクノボー」とよばれてもしかたがない状態になります。でもこうして生きていくデクノボーはダメ人間かといえば、決してそんなことはありません。賢治が「サウイフモノニワタシハナリタイ」と最後に書いている気持ちは、本当によくわかります。一見愚か者に見えるけれど、まっとうに生きている、そこにこそ自然と向き合う真の姿があるのです。

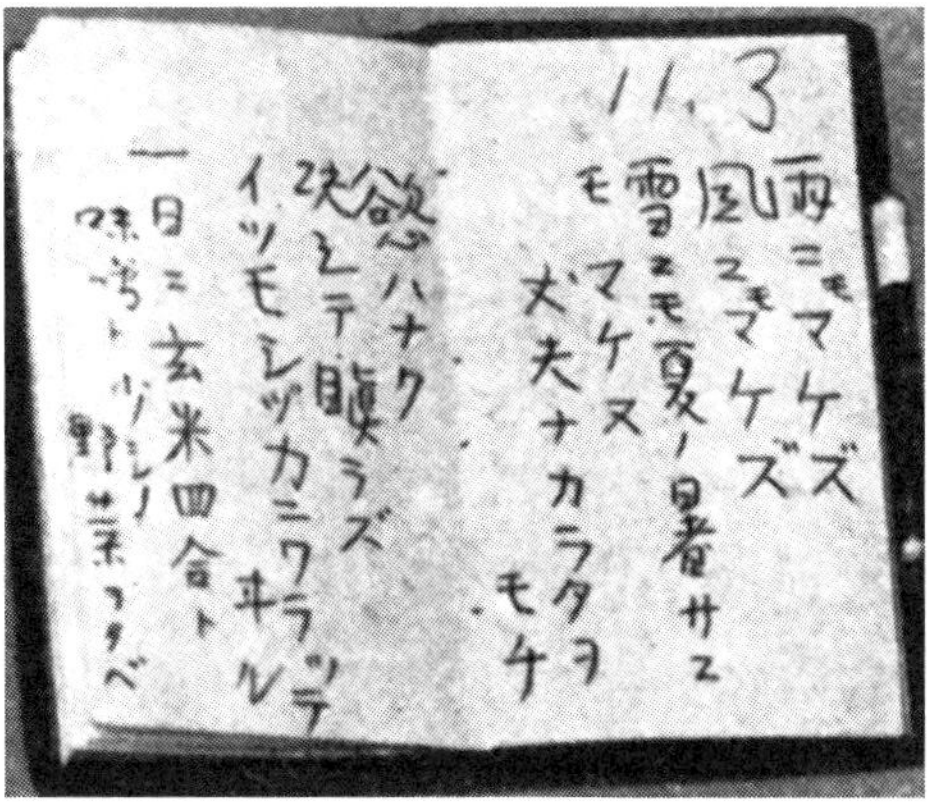

賢治の手帳に記された『雨ニモマケズ』

生命誌はまさにそこを探っていく知として考え続けているのだと、賢治の作品に接するたびに思います。「デクノボー」はその象徴です。デクノボーについては、今福龍太さんが『宮沢賢治　デクノボーの叡知』でみごとにその本質を示しています。表紙に「本当に賢いのはデクノボー」とあり、私も生命誌でこの賢さを探しているのだと思って興味深く読みました。今福さんは、「知性というものを本質的に謙虚で慎ましいものとしてとらえる一つの倫理意識の表明でもありました」と書いています。みごとです。

私は、本来農業にはこのような知性を生かす場面がたくさんあり、そこでこそ賢治の言う「ほんたうの賢さ」が生まれるはずなのに、現代社会は農業をも偏った現代の知の中に巻きこんでしまったのだと思っています。今、多くの人が「コロナ後の世界」という言葉で新しい生き方を探ろうとしていますが、私にとってのその作業は、まさに「本質的に謙虚で慎ましい知性」から出発することです。

自然とどう向き合うか

ここまでで、『グスコーブドリの伝記』はまだ半分です。ここから思わぬ展開をしますので、読み進めていきます。

ブドリはイーハトーブ行きの汽車に乗ります。沼ばたけで読んだ「親切な本を書いたクーボーといふ人」に会いにいくのです。

できるなら、働きながら勉強して、みんながあんなにつらい思ひをしないで沼ばたけを作れるやう、また火山の灰だのひでりだの寒さだのを除く工夫《くふう》をしたいと思ふと、汽車さへまどろこくつてたまらないくらゐでした。

ブドリはやっと自分がしなければならないこと、やりたいことに向けて動き始めます。それをするにはあの本を書いたクーボー大博士に会うことだとわかってきました。ここで賢治が「親切な本」と書いているのが興味を引きます。

本には通常すばらしい、優れた、わかりやすいなどの形容詞をつけますが、確かにいちばんありがたいのは、そのとき自分がいちばん知りたいことが書いてあったり、大事なことに気づかせてくれたりする親切な本です。本に対して、親切という言い方はあまり見たことがありませんが、人間の場合も親切にしていただいた人は忘れられません。本との関係もそうでしょう。「親切な本」という言葉はいいですね。

クーボー大博士の教室での授業は、「みんなはしきりに首をかたむけて、どうもわからんといふ風にしてゐましたが、ブドリにはたゞ面白かったのです」とあります。ブドリには求めているものがあり、クーボー大博士の考えはそこにピタリとはまったのでしょう。こういう先生と巡り会えるのは、本当に幸せなことです。

私はいつもよい先生に出会ってきました。そこで先生とともに過ごした若いころを思い出す時間を楽しむことがよくあります。根っからののんびり屋で物事を深く考えるタイプではありませんが、基本の基本が気になる性格が先生方の教えたい気持ちを刺激したのかもしれないなどと思いながら。

大学生のころは、テレビや映画を通してアメリカの豊かな生活を見せつけられ、日本でもどんどん物をつくることが求められている時代でした。たまたま勉強していた化学は、物の豊かさを求めて大活躍する可能性のある分野でした。ところがその中で、まだ始まったばかりの生化学という分野に出合い、この方がおもしろそうと思ってしまいました。そのとき、渡辺格、江上不二夫という本質を考えるすばらしい先生方がいてくださったので、自分の気持ちを生かそうと思えたのです。このときの体験から、ブドリもクーボー大博士に出会って、求めているものがはっきり見えてきたに違いないことがよくわかります。しかもクーボー大博士は、〝おもしろい仕事があるからそこへ行きなさい〟と言ってくれました。それは老技師ペンネンが一人で働いているイーハトーブ火山局でした。

ここの仕事は、去年はじまつたばかりですが、じつに責任のあるもので、それに半分はいつ噴火するかわからない火山の上で仕事するものなのです。それに火山の癖といふものは、なかなか学問でわかることではないのです。

老技師の実感がこもる言葉です。やがて、ブドリがイーハトーブにある三百ほどの火山のことがわかるようになり始めたある日、南の方の海岸にあるサンムトリ火山が、噴火が近い動きを始めます。さあ火山局の活躍のときです。観測を続け、その結果をもとに老技師が噴火を操作する機械を山の下に組み立てます。この活動を支えているのはクーボー大博士です。

クーボー大博士は途中で一度「お茶をよばれに来たよ」と飛行船でやってきて、「もうどうしても来年は潮汐《ちょうせき》発電所を全部作ってしまはなければならない」と全体像の話はしますが、実務はペンネン技師に任せ、飛行船でまた去ってしまいます。そして四日目の午後、すっかり準備のできた老技師は電流のスイッチを入れます。

俄《にわ》かにサンムトリの左の裾《すそ》がぐらぐらつとゆれまつ黒なけむりがぱつと立つたと思ふと

まつすぐに天にのぼつて行つて、をかしなきのこの形になり、その足もとから黄金《きん》色の熔岩がきらきら流れ出して、見るまにずうつと扇形にひろがりながら海へ入りました。と思ふと地面は烈《はげ》しくぐらぐらゆれ、百合の花もいちめんゆれ、それからごうつといふやうな大きな音が、みんなを倒すくらゐ強くやつてきました。それから風がどうつと吹いて行きました。

これでサンムトリ市の方には灰が少し降るだけになり、被害は出ずにすむはずです。その後「潮汐発電所は、イーハトーブの海岸に沿って、二百も配置されました」。これで電気は十分です。そして火山局は〝窒素肥料を降らせます〟とか〝雨も降らせます〟と書いてあるポスターを出します。こうして農作物の収穫はよくなり、火山局には感謝状や激励の手紙が届きました。

ブドリははじめてほんたうに生きた甲斐《かい》があるやうに思ひました。

東北の農民のつらい暮しを目の前にして、これを自身が求めている人間らしい暮しにしたい、ここに本当の幸せがなければ自分は幸せではないという思いを抱き続けていた賢治が、新しく入ってきた科学の力にそれを解決してくれることを求めた気持ちがよくわかります。

クーボー大博士という天才科学者の存在が、ブドリ、つまり賢治の望みを叶えてくれます。ここで興味深いのが、潮汐発電所です。地球環境問題に向き合わなければならない今、私たちは自然エネルギーの活用を考え始めています。化石燃料を用い、しかも限りなく欲望を拡げて大量のエネルギーを消費し、大量の二酸化炭素を放出したあげく、気候変動に悩まされて初めて、再生エネルギーとして太陽や風や水などの力を生かそうと思い始めました。

クーボー大博士は〝石炭を燃やそう〟とは言わず、目の前に広がる海の力を借り、潮汐発電所を建設しています。賢治の中にある、自然の中の存在として生きるという気持ちがおのずとここに現れているのではないでしょうか。科学の力によって土地を豊かにし、旱魃も避けて、豊かな収穫を得られる農民たちの姿を見てブドリ、つまり賢治は生き甲斐を感じます。

ところがそれから数年後、ブドリが二七歳になったとき、あの恐ろしい寒い気候がまた来そうになりました。「あの恐ろしい」とは、食べるものがなく、父親が消え、母親も消えてしまった子どものころの寒さです。既存の技術ではどうにもならない危機です。クーボー大博士も手が出ません。ブドリはこれまでかなり勉強してきましたので、何日も考えぬいた結果こんな質問をします。

「先生、気層のなかに炭酸瓦斯《たんさんがす》が増えて来れば暖くなるのですか。」

「それはなるだらう。地球ができてからいままでの気温は、大抵空気中の炭酸瓦斯の量できまつてゐたと云はれる位だからね。」

そこで、今度はカルボナード火山島を噴火させて、炭酸ガスを吹かせたらどうだろう。ブドリが考えぬいた結果の思いつきです。

「それはできるだらう。けれども、その仕事に行つたもののうち、最後の一人はどうしても遁《に》げられないのでね。」

クーボー大博士のその答えを聞いて、ブドリは「私にそれをやらしてください」と願いでます。ペンネン技師は、〝私はもう六三歳だから、それは私がやろう〟と言いますが、〝この仕事はまだ不確かなので、今後のために技師はいなければならない〟というのがブドリの主張で、ブドリが一人カルボナード島に残ったのでした。

　そしてその次の日、イーハトーブの人たちは、青ぞらが緑いろに濁《にご》り、日や月が銅《あかがね》いろになつたのを見ました。けれどもそれから三四日たちますと、気候はぐんぐん暖くなつてきて、その秋はほぼ普通の作柄になりました。そしてちやうど、このお話のはじまりのやうになる筈《はず》の、たくさんのブドリのお父さんやお母さんは、たくさんのブドリやネリといつしょに、その冬を暖いたべものと、明るい薪《たきぎ》で楽しく暮すことができたのでした。

　ここでは自然に涙が出てきました。「たくさんのブドリのお父さんやお母さんは、たくさんのブドリやネリと……」。森へと消えたお父さんお母さんの気持ち、一緒に残されたのに、男に連れ去られたネリを追ったブドリの悲しみと口惜しさなどが一度に思い起こされます。これまで、どれだけたくさんのお父さんお母さん、そしてブドリとネリが同じ思いをしたことでしょう。そして今もです。

　これは決して科学を称えるお話ではありませんし、美しい犠牲物語でもありません。科学は手放しで礼賛できるものではなく、自然は人間が思うままに操作できるものではないのです。

ここには科学をどうとらえるかという問いがあり、私たちは自然とどう向き合ったらよいかという、まさに今、私が生命誌で問うている複雑で、まだ答えが得られていない問いがあります。新型コロナウイルスのパンデミックに出合い、賢治のころ以上に人間が関与している深刻な気候変動に直面している今こそ、賢治以上に真剣に考えなければなりません。

2　いちばん気にかかる言葉――わけがわからず、まるでなってない

賢治の作品には、「生命誌」という切り口で見たときに無関係と言えるものは一つもありません。基本的なものの見方、考え方が重なっているからでしょう。そこで最後に、すべての作品の中でいちばん気にかかる言葉を選んだらどれになるだろうと考えてみました。さまざまな物語が頭の中をかけ巡り、どれも必ずどこかにひっかかります。選ぶのは不可能とは言わないと決心して、最後に残ったのが『どんぐりと山猫』の中にある言葉です。

賢治の生前に刊行された童話集はただ一つ、『イーハトヴ童話　注文の多い料理店』であることはよく知られています。その中に入っているのが、『どんぐりと山猫』『狼森と笊森、盗森』『注文の多い料理店』『烏の北斗七星』『水仙月の四日』『山男の四月』『かしはばやしの夜』『月

夜のでんしんばしら』『鹿踊りのはじまり』です。これらを集めるにあたって書いた「序」については、第二章ですでに触れました。でももう一度、ここで繙《ひもと》きたいと思います。

これらのわたくしのおはなしは、みんな林や野はらや鉄道線路やらで、虹や月あかりからもらつてきたのです。

まさにここにあげた物語は、それらからもらったことが明らかだと思えるものばかりです。とくに『水仙月の四日』の雪童子《ゆきわらす》の様子など、透きとおるような描き方で、雪の野原にしか語れない物語と言えましょう。「序」は次のように続いています。

ほんたうに、かしはばやしの青い夕方を、ひとりで通りかかつたり、十一月の山の風のなかに、ふるへながら立つたりしますと、もうどうしてもこんな気がしてしかたないのです。ほんたうにもう、どうしてもこんなことがあるやうでしかたないといふことを、わたくしはそのとほり書いたまでです。

ですから、これらのなかには、あなたのためになるところもあるでせうし、ただそれつきりのところもあるでせうが、わたくしには、そのみわけがよくつきません。なんのことだか、わけのわからないところもあるでせうが、そんなところは、わたくしにもまた、わけがわからないのです。

ここが生命誌とピタリと重なるところです。「わけがわからない」という言葉は、通常マイナスのイメージで語られ、マイナスのイメージで受けとめられるものです。でもこの賢治の文章を読んでいると、「そうですね」と肯《うなず》いている私自身がおり、「そこにこそ大事なものがあるのですよね」と言っています。

現代社会では「わかる」ことをよしとします。とくに科学は、「わかること」について先駆的役割を荷《にな》っています。科学は答えを出すもの、科学者は答える人とされます。でもそれは違うのです。科学は自然に向き合い、それを考えるので、そこにはわからないことが山ほど存在しています。そして、一つの問いの答えを見つけるとその先にたくさんの問いが見えてくるものなのです。生命科学の成果を追うと、DNAの二重らせん構造の発見（一九五三年）からこの七〇年ほどの間に次々と明らかにされた生命現象の記述を見るだけで、なんと多くの知識を積みあげたことかとは思います。

けれども、「生きているとはどういうことだろう」という問いにどれだけ答えられているかと考えると、本質はまだまだわかっていないと言うほかありません。解明が進めば進むほど、わからないことは増えていくと言ってもよいかもしれません。

「わけがわからない」という言葉に注目すると、『注文の多い料理店』の最初に置かれた『どんぐりと山猫』は、そのような気持ちをそのままに書いたのではないかと思えます。そこで、結局気にかかる作品の一つとして選んだのはこの作品になりました。

ある土曜日の夕方に、一郎のところにおかしな葉書が届きます。

かねた一郎さま　九月十九日
あなたは、ごきげんよろしいほで、けっこです。
あした、めんどなさいばんしますから、おいでんなさい。とびどぐもたないでくなさい。
山ねこ　拝

なるほど間違いだらけのおかしな葉書です。しかもめんどうな裁判へのお誘いです。裁判によび出されたらちょっと心配になるのが普通でしょうに、一郎はうれしくてうれしくてたまらず、とんだりはねたりするのです。山猫の顔や裁判の様子を思いうかべているところをみると、一郎は前にも山猫とあれこれ話しあいをしたことがあるのでしょうか。

とにかく行ってみると、山猫はこう言います。

「こんにちは、よくいらつしやいました。じつはをとゝひから、めんだうなあらそひがおこつて、ちよつと裁判にこまりましたので、あなたのお考へを、うかがひたいとおもひましたのです。まあ、ゆつくり、おやすみください。ぢき、どんぐりどもがまゐりませう。どうもまい年、この裁判でくるしみます。」

まもなく足もとで、三百を越えるほどの赤いずぼんをはいたどんぐりたちがわあわあ言い始めます。だれが偉《えら》いかと争っているのです。〝頭のとがっているのがよい〟と言うのがいるかと思えば、〝まるいのが偉い〟と言うのがいます。〝大きいのだ、背の高いのだ、押しっこが強いのだ〟とがやがやがやがやがや、収拾がつきません。困る山猫に一郎は笑って答えます。

「そんなら、かう言ひわたしたらいゝでせう。このなかでいちばんばかで、めちゃくちゃで、まるでなつてゐないやうなのが、いちばんえらいとね。ぼくお説教できいたんです。」

みんなそれは赤いずぼんをはいたどんぐりで、もうその数ときたら、三百でも利かないやうでした。わあわあわあわあ、みんななにか云つてゐるのです。

（菊池武雄「どんぐりと山猫」挿画
『イーハトヴ童話　注文の多い料理店』より）

どんぐりはしいんとしてしまいました。〝ばか〟も〝めちゃくちゃ〟も〝まるでなっていない〟も、今ではとんでもないと書くことを禁止されそうな言葉です。もし自分に向かって言われたら、いくらなんでもそれはないでしょうと泣きたくなりそうです。でもふしぎなことに、賢治の作品の中にあるこの言葉は、むしろ心を動かされる力をもって響いてきます。

どんぐりたちは、大きいとか高いとか強いとか、少しでも立派なところを、しかも一つだけ取りあげて、それがよいのだと言って争っています。私たちの社会でも、これと似たり寄ったりのことをしているのではないでしょうか。最近はとくに競争社会で、優れたところをなんとか探し出してそこで競い合う傾向が強くなっています。

これまで何度も書いてきましたように、生命誌では多様な生きものたちを対象にしていますので、それぞれがそれぞれとしてあることを大事にします。ゾウはゾウ、アリはアリ、バラはバラ、タンポポはタンポポ。それぞれに特徴があり、それとしてみごとに生きているのであって、どれもよいし、どれにも欠点があるとしか言えません。結局全体としては、どれもよく生きているということになるわけです。

賢治の作品からも、これと同じ見方が見えてきます。〝ばか〟で〝めちゃくちゃ〟とか〝まるでなっていない〟と言うとき、一郎は笑ってきっぱりと言います。三日間ももめていたものを一分半で片づけたのですから、お説教で聞いたとしても、自分の考えにぴったりだったに違いありません。その態度に山猫も感心して、一郎に〝名誉判事になってください〟とお願いします。

賢治は、このようなところに本当の賢さを見ているのです。虔十《けんじゅう》がそうでした。自然や生きものたちの世界（人間も生きものです）は、大きいとか強いとか、そんな単純なもので割りきれるものではありません。めちゃくちゃなところに本質があることも、少なくないのです。それに向き合って辛抱強く生きていくところに、みんなの幸せが見えてくるのではないでしょうか。大きい、強いをよしとして、割りきってしまったら、決してみんなの幸せにはつながりません。

風がもってきてくれるさまざまな物語の中にあるのは、すべてを割りきって考えようとする現代の人間社会が見ようとしないものであり、それは賢治にとって「わたくしもまたわけがわからないもの」です。でも、わけがわからないものが、決してマイナスのものではないという感覚が賢治にはあります。

自然が教えてくれるのはそのようなものであり、今、いちばん大切なものなのではないか。その賢治の思いを共有し、ここを出発点にして、身のまわりで起きているめんどうな問題に向き合っていこうと思います。

往復書簡

すべてがわたくしの中のみんなであるように

若松英輔
中村桂子

第一信　今こそ「生命」に触れる——若松英輔から中村桂子へ

中村桂子様

二月だというのに、春のような暖かい日が続いております。いかがお過ごしでいらっしゃいますでしょうか。

もっと早くお便り申し上げたかったのですが、いざ書こうとすると、言葉を探してばかりいて、いたずらに日が過ぎてしまいました。申し訳ございません。

過日、賢治をめぐる往復書簡のご提案を頂いたときは、本当にうれしく存じました。東日本大震災から十年を迎えようとする今、この危機の詩人を顧みる意味は小さくないと考えるからです。

振り返ってみますと、時代の危機と賢治の存在が、私のなかで重なり合う契機になったのは中村さんの『科学者が人間であること』（岩波新書、二〇一三年）を読んだことのように思います。

この本で賢治は、人間の悲しみを歌う詩人であるだけでなく、東日本大震災がもたらした問題に象徴される、近現代における危機といかに対峙すべきかを示唆する、特異な思想家としても描かれていたように感じられました。

今、私たちはコロナ禍という、もう一つの危機に直面しています。危機とは、すなわち「生命」とは何かが問われる日々にほかなりませんが、この国は、いまだ、その深刻さを十分に認識し得ていないように思われます。

この本と賢治をめぐってはもう一つ、印象深い思い出があります。それは三十年来の交友を続けている神父が、どうしても読んでほしいと連絡をしてきたのです。この本が刊行されてさほど時間が経過していないときでした。とても熱量のある言葉で、一読を強く薦《すす》めてきたのです。

この神父は、カトリック教会が自然に対して、思慮と霊性に裏打ちされた発言を十分にしてこなかったことに心を痛めていました。教会は、人間と自然がどのように向き合うべきかということばかりを考え、自然のなかにおける人間の位置を考えてこなかった、と嘆いていました。

彼も賢治を愛読していました。それだけでなく、彼の生き方そのものにも賢治は強く影響を与えているのだろうと思います。当時彼は、神父であるにもかかわらず、街中の教会を離れ、農業を行なうなかで、人間と世界、あるいは人間と人間、そして人間と超越者との関係を取り戻そうとさまざまな活動をしていました。『科学者が人間であること』は、そうした宗教者の心を強く動かしたのです。

教会にとって、変革の契機になったのは現教皇のフランシスコの誕生でした。この教皇が「フランシスコ」の名前を選んだのは、アッシジの聖者フランチェスコが、貧しい人の友であり、平和の人であり、そして、自然とのつながりを生きた人物だったからです。

今日でこそ、カトリック教会は気候変動をはじめとした問題を最重要の事態として捉《とら》えていますが、当時はまだ、その方向性が十分に浸透していませんでした。

教皇の就任は二〇一三年三月のことです。ご本が刊行されたのが、同じ年の八月でした。それから八年の歳月が流れ、日本はともかく、諸外国ではようやく、「生命」を基軸にした、人間と自然との関係を真摯《しんし》に再考し始めているように思われます。

さて、賢治の言葉によって「生命」のありようを考えるとき、真っ先に思い浮かぶ詩があります。生前に刊行された最初で最後の詩集『心象スケッチ　春と修羅』の「序」にある一節です。（賢治は「詩集」という言葉を好まなかったといいます。だからこそ、詩集の代わりに、あえて「心象スケッチ」と書いたのですが、彼によって詩の地平が変わったので、改めて「詩集」と呼んでも賢治の心情を損ねることはないと思います。）

わたくしといふ現象は
假定された有機交流電燈の
ひとつの青い照明です
（あらゆる透明な幽霊の複合体）
風景やみんなといつしよに
せはしくせはしく明滅しながら
いかにもたしかにともりつづける
因果交流電燈の
ひとつの青い照明です
（ひかりはたもち　その電燈は失はれ）

これらは二十二箇月の
過去とかんずる方角から
紙と鑛質インクをつらね
（すべてわたくしと明滅し
**　みんなが同時に感ずるもの）**
ここまでたもちつゞけられた
かげとひかりのひとくさりづつ
そのとほりの心象スケッチです

ここでの「現象」は「生命」の現象だと考えてよいと思いますが、それは「あらゆる透明な幽霊の複合体」だと賢治は語ります。「透明な幽霊」という言葉で賢治は、目に見えない「生命」の実在を語っているのでしょう。

そして、その大きな「生命」のうねりのなかに自分もまた、存在している。その「生命」は単独ではなく、「風景やみんなといつしよに」、そして「いかにもたしかにともりつづける」というのです。

そして、何よりも強く印象に残ったのは賢治が過去を「方角」であると歌っていることです。中村さんがこれまで提唱されてきた「生命誌」は、持続する「生命」の歴史であり、「物語」のように思われます。その歴史と物語において、「過去」は失われた時間ではなく、「透明な」姿をして、今、ここに生きている者たちのなかに存在している。過去は、現存する今の異名であると賢治は感じています。

現代において、ある人たちにとって「過去」は、すでに終わったことであり、その意味を修正でき、隠蔽《いんぺい》できるもののように考えられているのかもしれません。しかし、賢治の実感は違います。それはある「方角」でありありと生きています。

東を見る者の眼に西は見えません。しかし、身体の向きを変えれば、西の光景が見えてきます。賢治にとって過去、すなわち歴史は、向きを変えさえすればいつでも現存するものだというのでしょう。

生命現象はさまざまな手段で確認することができますが、「生命」そのものを捉えるのは簡単ではありません。『小岩井農場　パート九』で賢治は、そうした捉えがたい「生命」にふれるために糸口になるような言葉を残しています。

すきとほつてゆれてゐるのは
さつきの剽悍《ひょうかん》な四本のさくら
わたくしはそれを知つてゐるけれども
眼にははつきり見てゐない
たしかにわたくしの感官の外《そと》で
つめたい雨がそそいでゐる

「知っている」と賢治がいうのは、狭義の知性による認知ではなく、「生命」の感覚で「知っている」だが、それは「眼」に「はっきり」とは映らない。こうした「生命」をどのように認識し、それを叡知にまで高めることができるのか。

現代人は確かに大きな進歩を実現したに違いないのですが、ある大切なものを見過ごしてきたようにも思います。前進するだけでなく、忘れ物を探しに必要な地点にまで立ち戻ること、そこに最初の一歩があるのではないか、などと考えております。

緊急事態宣言下であるだけでなく、世の中が大きな不安のなかにあるようにも感じられます。

どうぞ、心身ともに健やかな日々をお過ごしくださいませ。ご無事を心からお祈り申し上げております。

二〇二一年二月八日

若松英輔　拝

第二信　詩の言葉が開くとき——中村桂子から若松英輔へ

若松英輔様

年度末で大学のお仕事が立てこんでいるに違いないときですのに、お心のこもったお手紙をありがとうございます。最初に白状しますが、私は宮沢賢治という作家にのめり込んで徹底的に調べたわけでも、賢治作品を読みこんできたわけでもございません。日本人であれば知らない人はいないであろう『雨ニモマケズ』の中の「デクノボー」という言葉がなぜか好きで、いいなと思っている程度なのです（そういえば、今福龍太さんが『宮沢賢治　デクノボーの叡知』というすばらしい本をお書きになりましたね。一言一言に共感しながら読みました。とくに、デクノボーは「知性というものを本質的に謙虚で慎ましいものとしてとらえる一つの倫理意識の表明」というところにはしびれました。この話をしていると終わりそうもありませんので、またいつか)。

その程度の読者ですが、東日本大震災の後、ただただ呆然とするだけで何をしたらよいかわからずにいるときに、これまたなぜか賢治が読みたくなったのです。実は同時に、これも理由はわからないのですが、『方丈記』も読もうと思いました。こちらは全文を読んだのがそのとき初めてで、詳細な災害ルポと、その後の生き方が描かれているのに驚き……、すぐ脇道にそれます。これもいつか聞いていただくことがあればありがたく存じます。

賢治に戻りますと、十巻の文庫本を机の上に置き、時間があれば(ときには時間をつくって)読みました。ここでまた白状しますと、手にとったのは主として童話です。

ちょうど半世紀前の一九七一年に、恩師である江上不二夫先生が新しいコンセプトで創立された「生命科学研究所」にお誘いいただいたのが、今に続く仕事の始まりです。以来「生きているってどういうことだろう」と考え続け、一九九一年にやむにやまれぬ気持ちで先生の枠から少し飛び出して「生命誌研究館」を創ったというのが大《おお》ざっぱな私の履歴です。生きているとはどういうことかを知り、そこからどう生きるかを考えたい。思い込みとしか言いようがありませんが、これだけで暮らしてきました。ですから、賢治を読むときも体に沁みついているこの問いと結びつけることになります。文学としての作品を読んだとは言えませんね。

思いがけずお手紙の最初に『科学者が人間であること』をあげてくださいましたので、自分のことばかり長々と書いてしまいました。お許しくださいませ。

詩人でいらっしゃる若松さんは、賢治も詩人ととらえていらっしゃるのですよね。「生命誌」という知を考え始めたばかりのとき、こんなことがありました。生命科学が生きものたちの分析を通した知識の獲得に専念していることに飽き足らず、生きものの物語を読んでいきたいので「セイメイシ」にしたのですと、詩人の大岡信さんにお話ししました。「いいですね」とおっしゃった大岡さんは、詩の話をたくさんしてくださいました。「生命詩」と思われたのです。ちょっとびっくりしましたが、今では当たっていると思います。生きものを知るほどに、それを語るには詩が一番ふさわしいと思うようになりましたから。

情報社会である今は、言葉をコミュニケーションの手段として見ることが多いのですが、コミュニケーションだけでしたら、他の生きものの方が巧みにやっていると思うことがよくあります。言葉の力は、イメージを呼び出しそれを表現することです。生命科学では、DNAなどの見えないものを調べることが多いのですが、長くつき合っているうちに見えるような気がしてきます。そこで思い描いたことを言葉にします。お相手が同じイメージをもってくださることを願いながら。サイエンスコミュニケーションと言われますが、生命誌では「コミュニケーション」を使わず「表現」と言うのはそのためです。「心象スケッチ」と言っている賢治も表現を意識しているのでしょうか。

科学を通して自然を見ていますと、私たちがどれだけ自由にイメージをふくらませようとも、その裏には宇宙・地球・生命と続く時空があり、そこからの広がりを思い描いているのだろうと思えます。生命誌が科学によるのはそのためです。そのうえで、表現を通して人と人の間をつなぎたいと思っています。いつか詩をおつくりになるときのお気持ちをお話しいただけたら幸いです。

最初に書きましたように、私は賢治の心象スケッチの入り口でとまどっておりましたので、若松さんのお手紙で心が開かれた思いがしました。「方角」という言葉が生命誌の中でいきいきとしている様子が浮かんできました。そう思って今まで脇に置いていた『春と修羅』を開いてみますと、引用してくださった賢治の言葉のその先の方に、私の思いと重なる言葉が見えてきます。

これらについて人や銀河や修羅や海胆《うに》は

宇宙塵《じん》をたべ　または空気や塩水を呼吸しながら
それぞれ新鮮な本体論もかんがへませうが
それらも畢竟《ひっきょう》こゝろのひとつの風物です
たゞたしかに記録されたこれらのけしきは
記録されたそのとほりのこのけしきで
それが虚無ならば虚無自身がこのとほりで
ある程度まではみんなに共通いたします
（すべてがわたくしの中のみんなであるやうに
　みんなのおのおののなかのすべてですから）

最後の二行は生命誌そのものです。賢治を読みたくなったのは、このような言葉を求めてのことだったのかもしれないと気づきました。怖気《おじけ》ずに、『春と修羅』を読もうと思います。

私の本を読んでくださったという神父様と教皇フランシスコのお話も印象的です。私はキリスト教の信者ではありませんが、鳥とお話をなさったというアッシジの聖フランチェスコは生命誌一族のご先祖と勝手に決めています（叱られるでしょうか）。そして今の教皇様もとても尊敬しています。長い間のお友だちでいらっしゃる神父様もきっと同じような方に違いないと思います。いつかお話を伺いたいとこれまた勝手に思っています。

「自然の中にいる」という感覚は、生命誌が一番大切にし、多くの方と共有したいと思っているものです。科学を基本に置き、そこから広がっていきたいと思った初心を忘れないためにも、生きものの話をするときにＤＮＡやゲノムという科学の言葉を使います。すると多くの方が、めんどうな遺伝子の話をなさるのです。科学の知識は必要ですが、専門でない方が無理をして細かな分子のはたらきを知ろうとなさらなくてもよいのにと思います。それを知らなければならないのなら生きていることについて考えるのはめんどうなことだと思われたら、もったいない。ＤＮＡが生きものらしさを出しているところに目を向けていただきたいのです。細かな分子のはたらきを知識として知っていても、生きもののもつ魅力ある特徴を感じとれないのでは、よく生きることはできませんから。

思いきり森の空気を吸い込んだり、浜辺で絶え間なく寄せる小波《さざなみ》に足元を濡らしたりしたとき生まれる生きものとしての感覚に、体の中にあるＤＮＡを思いうかべることで浮かぶ感覚を重ねるとさらなる広がりをもてるのに。この辺から願いになってきます。ときには祈る気持ちです。

地震、津波、噴火など自然災害が絶えませんし、新型コロナウイルスはパンデミックを引き起こし、世界中の人を巻きこんでいます。感染症も地球の活動による災害の頻発も、私たち人間の自然とのつき合い方があまりにも乱暴すぎたために起きているに違いありません。もう少していねいに生きましょうよ。慎ましさを忘れないようにしましょうよ。その方が美しく生きられると思うのですけれど。そんな声が聞こえてきます。その中には賢治の声も入っています。

若松さんが、詩作とは縁のない（私のような）人たちに『詩を書くってどんなこと？——こころの声を言葉にする』（平凡社、二〇一九年）で教えてくださっている中に、大事なことはただ一つ「真剣に」だとおっしゃっているのが心に響きました。そこで例にあげていらっしゃるのが『セロ弾きのゴーシュ』。ゴーシュの演奏は下手かもしれないけれど、いつも真剣で、セロを愛していたから猫やかっこうなどの動物たちとのやりとりの中から大事なものを引きだせたのだと。そして賢治の「ほんとう」を探すことが大切なのだと。私が賢治の作品の中で一番好きなのが「ほんたう（本当）」という言葉です。「ほんたうのさいはひ（本当の幸《さいわ》い）」を探す旅が生きていることであり、詩をつくるのも音楽を奏でるのもみんなその旅なのだというメッセージを出している賢治。

ウイルスによるパンデミックで世の中が混乱し、多くの人が新しい生き方を探らなければならないと言いながら、よい方策も思いつかず右往左往している今また、賢治とともに「ほんたうのしあはせ（幸せ）」を求めての旅をしたいと意識しています。具体的な思いは次の機会に聞いていただけますか。

日常の気象の動きが荒々しいこの頃ですが、先日はインドの北部で氷河が崩壊し、激しい土石流により多くの死者が出たというニュースに驚きました。フィンランドの北極圏の小さな町サッラが、二〇三二年夏のオリンピック招致に名乗りを上げたというニュースもありました。人口三四〇〇人という町が、世界中の人に向けて地球温暖化の危機を訴える警告をこのような形で出すのは、やりますねという感じですが、温暖化を痛感している人々の行動として考えさせられます。

本格的な春が来るまで、毎日の寒暖差にお気をつけてお過ごしくださいませ。

二〇二一年二月一一日

中村桂子

第三信　「つながる」と「関わる」を見つめて——若松英輔から中村桂子へ

中村桂子様

ご返信申し上げるのが、たいへん遅くなってしまい申し訳ございませんでした。梅の花が咲くころにご返信差し上げたかったのですが、染井吉野が散り、八重桜が咲く季節になってしまいました。

じつは、昨年末、故郷で暮らす母が雪の日にコンビニエンスストアの店舗内で転び、大腿骨を骨折し、入院、手術することになったのです。そして、お手紙を頂いた頃、およそ二カ月の病院でのリハビリ生活を終え、退院、実家での新しい生活が始まりました。故郷に比較的近いところに暮らす兄夫妻の尽力で家の改装も済み、私も帰省するなどしているあいだに時間が過ぎてしまいました。改めてお詫び申し上げます。

考えてみれば当たり前なことなのですが、人生とは自分だけのものではないのだと改めて思い至りました。私の存在のある重要な部分は、母との関わりのなかにあります。そのことが痛いほどに感じられるとともに、それを見過ごしていた自分に少し腹立たしい気分にもなりました。

あるときまでは、どう生きようかとばかり考えていたようにも思います。しかし、人は「生きつつ」ありながら、同時に「死につつ」ある。生きる主体でありながら、生かされねば一瞬たりとも生きられないという、不思議な存在でもあります。

故郷への電車のなかで、久しぶりに『ゲノムが語る生命——新しい知の創出』（集英社新書、二〇〇四年）を読み返していました。この本は私に、とても大切なことを教えてくれた一冊です。それは動詞的に考えるということです。そして何よりも、コロナ危機のなかで強く想起されたのが「つながり」と、先にふれた「関わり／関わる」ということでした。この本の「あとがき」には次のような言葉があります。

動いている状態を意識して、各章のタイトルは動詞にしました。〝生きる〟〝変わる〟〝重ねる〝〝考える〝〝耐える〝〝愛《め》づる〝〝語る〝。生命誌を始めたときは、「生きる」はもちろんですが、「つながる」「関わる」を基本に考えました。（二四七頁）

地球規模の危機にあって、今、私たちが真剣に向き合わなくてはならないのはまさに、真の意味において「つながる」、あるいは「関わる」とは何かを見つめ直すことにほかなりません。入院中、母に会うことはできませんでした。しかし、その間、どうにかして母に「つながり」を感じてもらいたいと願っていました。もちろん、それは私の問題でもあります。また、そうしたことから、母と自分とのあいだにある、さまざまな「関わり」にも考えを巡らせることになりました。そして、「つながる」「関わる」という営為は、ほとんどの場合、目に映らないことも分かってきました。

「つながっている」、「関わっている」結果としてのゲノムを確認することはできる。しかし、「つながり」「関わり」そのものを人間が捉えることはできない。

「つながっている」そして「関わっている」結果として、ある「もの／人」が存在するということはある。しかし、それらを在《あ》らしめている動的な「はたらき」を五感で捉えることは容易ではありません。

ここに私がいる。こんなに明確な、疑いようのないことの根拠になるようなはたらきが、ある意味では超感覚的であるというのはじつに興味深いことでした。

それは、歴史は確かに存在しているのに、それを把捉《はそく》できないのと同じかもしれません。

先にお送りした手紙に賢治の『心象スケッチ　春と修羅』の「序」を引きました。賢治にとって人間は「せはしくせはしく明滅しながら／いかにもたしかにともりつづける／因果交流電燈の／ひとつの青い照明」でした。彼にとって人間の本質とは、明滅する光のような存在なのです。

それは生命《いのち》の光といっても生命の炎といってもよいものです。この光とも炎ともいえるものが、法的には私たちの尊厳の根拠になり、宗教的には霊性の淵源《えんげん》になるものです。互いの存在に畏敬の念をもって接する。それは、賢治のいう生命の光、あるいは炎を認めるところから始まるのではないかなどと考えています。

そうした彼のまなざしは、人間以外の自然にも注がれます。『コバルト山地』という五行詩には、彼が空間に不可視なかたちで存在する生命の火を感じていたことが、はっきりと描かれています。

コバルト山地《さんち》の氷霧《ひょうむ》のなかで
あやしい朝の火が燃えてゐます
毛無森《けなしのもり》のきり跡あたりの見当《けんとう》です
たしかにせいしんてきの白い火が
水より強くどしどしどしどし燃えてゐます

彼の眼には火が「せいしんてき」に映ったのです。それは「精神」ではないのでしょう。もっとしなやかな、しかし、人間を人間対自然ではなく、石牟礼道子さんの言葉を借りれば「生《しょう》類《るい》」の次元へと導く「せいしん」なのでしょう。

先のお手紙でアッシジのフランチェスコにふれて下さったのをうれしく拝読しました。じつは、コロナウイルスの蔓延がなければ、中村さんの著作を愛読している神父と母と三人で、昨年の夏にアッシジに行くはずだったのです。

フランチェスコは不思議な聖人です。今の教皇は、この聖人を清貧の人であり、平和の人であり、そして被造物を愛するとはどういうことかを体現した人であると語っています。

キリスト教は、人間を万物の霊長に位置づけ、人間が自然を支配するという基軸を作ってきました。これが聖書を誤って読んだ結果だとしても、そうした常識が流布したことを否《いな》むことはできません。しかし、フランチェスコは違います。彼は人間を万物の頂点に置くのではなく、「生類」に内なる人間の居場所を見つけようとします。そして、現教皇のフランシスコもまた、この誤りを鮮明に語っています。

わたしたちキリスト者が時に聖書を誤って解釈したのは事実ですが、今日では、わたしたちが神にかたどって創造され大地への支配権を与えられたことが他の被造物への専横な抑圧的支配を正当化するとの見解は、断固退けなければなりません。聖書が世界という園《その》を「耕し守る」よう告げている（創世記2・15参照）ことを念頭に置いたうえで、その本文を文脈に沿い適切な解釈法をもって読まなければなりません。「耕す」は培《つちか》うこと、鋤《す》くこと、働きかけることを、「守る」は世話し、保護し、見守り、保存することを意味します。

（回勅『ラウダート・シ――ともに暮らす家を大切に』）

人間に託されているのは、自然を消費することではなく、自然の秩序を育て、守ることだというのです。

この教皇の言葉と『ゲノムが語る生命』にある一節を共鳴させることで、今回のご返事にさせていただきたいと思います。

……〔昨今の生命科学のありようは〕いかにも自然について、生命について、わかってしまったかのようなやり方です。このまま進んでいくと、本当に生命とは何か、人間とは何かと問い続けることなく、人間を機械のように扱い、その結果——これさえ予測不可能のうちに入っていますから、よくはわからないのですが、何か破滅の方向へいきそうな気がするのです。（一三四頁）

中村さんのご本は、どこを繙《ひもと》いても生命への畏敬と驚きにあふれています。

そもそも驚きがないところには感動もないわけですから、畏敬が生まれようはずがありません。

しかし、今回改めて思ったのは、「驚」という漢字には「敬」という字が潜んでいることでした。何かを目の前にして、真に驚くとき、人は同時に畏敬の念を内に宿すのでしょう。

古人はきっとそのことを知っていたに違いありません。そして、それはやはり賢治の作品を読んでいても感じることなのです。

安心してお目にかかれる日は少し先かもしれません。しかし、こうして離れているときこそ「つながり」と「関わり」を深化することができる、与えられた時間なのかもしれません。

どうぞ、くれぐれもご自愛くださいませ。ご無事を心からお祈り申し上げております。

二〇二一年四月五日

若松英輔　拝

第四信　私は私たちの中に――中村桂子から若松英輔へ

若松英輔様

お母様の骨折、無事退院と伺ってほっとしましたが、その間ご家族は大変でいらっしゃいましたでしょう。お疲れが出ませんように。

十年前の東日本大震災や今も続く新型コロナウイルスのパンデミックという大きな災害で、「想定外」に出合うことがあるものと思い知らされました。そしてお母様が雪の日に転ばれたのも思いがけないことだったのではないでしょうか。機械に囲まれて暮らすうちに思いどおりにいくのがあたりまえと信じこむ社会になりましたが、生きるとは、日々の中に思いがけないことを抱えこんでいるものであり、それと向き合っていくしかないのだとときどき気づかされます。賢治の物語は、どれを見ても自然に伺いを立てながら暮らしていく姿が描かれています。

現代社会には合わないと捨ててしまわれそうな生き方ですが、そんな生き方が生きものとして生きるということなのだと思っています。

生物を分析し、そこから得た知識を積み重ねていく生命科学はとてもおもしろいのですが、あるときからどこか違うと違和感を抱くようになりました。決してむずかしいことを考えたのではありません。子どもたちが育つ様子を見ていると、毎日動き、変わっていくことに気づき、おもしろいのはこの動きであり、知りたいのは生きものという対象ではなく、生きているという現象だと思えました。幸い、ゲノムに注目すれば科学を捨てずとも全体をとらえ、動いていく様を追えそうだと気づき、「動詞で考える」という切り口を見つけました。そこで研究館では、一年に一つずつの動詞を取りあげて考えていくことにしたのです。すると、意図せずとも自然にさまざまな分野との関わりやつながりが生まれてきました。本当に楽しい日々でした。「遊ぶ」という動詞を考えると、「ハンドルの遊び」という言葉が浮かび、自動車だって遊びが必要だと気づきます。ゲノムを調べていくと、私たち人間を含む生きものの体は遊びだらけ、べつの見方をするなら無駄だらけとわかっていくのが、なんともおもしろいのです。

あるとき、哲学者の坂部恵さん（先生ですが同い年なので）が、「生と死のあわい」と題したお話の中で、「〝あわい〟は〝あう〟という動詞の名詞化であり、そのような型の言葉は語り・

語らい、はかり・はからいなどダイナミックな意味をもっている」と教えてくださいました。どれも、生きることを考えるときの大事な言葉です。「生と死のあわい」と言えば生の中に死があり、死の中に生があるという、生と死の基本が見えてきます。坂部さんはさらに、西田哲学の述語の論理について語ってくださいました。私はむずかしいことが苦手で、動詞で考え始めたのも子どもの日常を見てのことなのですが、お話を伺えば、確かにそのとおりです。主語の論理ですと矛盾は否定され、生きものは矛盾の塊ですから、それではうまく語れません。お手紙に書いてくださったフランシスコ教皇のお言葉（回勅）も「聖書は、世界を〝支配〟ではなく『耕し守る』ようにと告げている」と動詞で語られていますね。内容も私が生命誌で考えていることと重なっているのに驚きました。もちろんうれしい驚きです。

この「驚き」という言葉には思い出があります。哲学者の今道友信先生に、「科学者は好奇心などで事を進めるから碌《ろく》なことをしない。大事なのは驚きだということを忘れないように」といつも叱られていました。「驚きはタウマゼイン。びっくりすることじゃありませんよ、そこには畏敬の念が入っているのですよ」と、何度も言われました。

「お手紙にそのことを書いてくださいましたよ」と、今道先生に報告しなければなりません。「学問は〝魂のお世話〟をすることである」とも教えてくださいましたので、先生の魂に。ちょっとニコリとしてくださるのではないかと思うとうれしいです。ありがとうございます。賢治、坂部恵さん、今道友信先生、そして若松さん（ちょっと恐ろしいのですが、西田幾多郎も入れてしまいましょうか）。私が何とも頼りないために、教えてくださる方が次々現れます。頼りないのも悪くありません。

頼りなさから連想した話を書かせてください。

私たち人間は地球上の多様な生きものの中で文明をもつ特殊な存在ですが、それを可能にした大本は二足歩行にあるとされます。ですから、私たちの祖先がなぜ、どのようにして二足歩行を始めたのかという問いは、人間はどのような存在かを考えるときの基本になります。完全な答えはまだ得られていませんが、今のところかなり有力であり、私が好きな説は、私たちの祖先は弱かった、つまり頼りなかったからというものです。七〇〇万年ほど前、人類が暮らしていたアフリカ東部の気候が変わり、森が後退して草原が増えました。食べものが少なくなったのです。あまり強くなかった私たちの祖先は端に追いやられました。食べものを得るために遠くまで行かなければならず、それを仲間のところまで手で抱えて持ち帰るために二足歩行を始めたというのです。その姿を思いうかべるとなんともいじらしく、私の中に強い仲間意識が生まれてきます。自分が頼りないからと言ってその話を人類すべての始まりにつなげてしまう

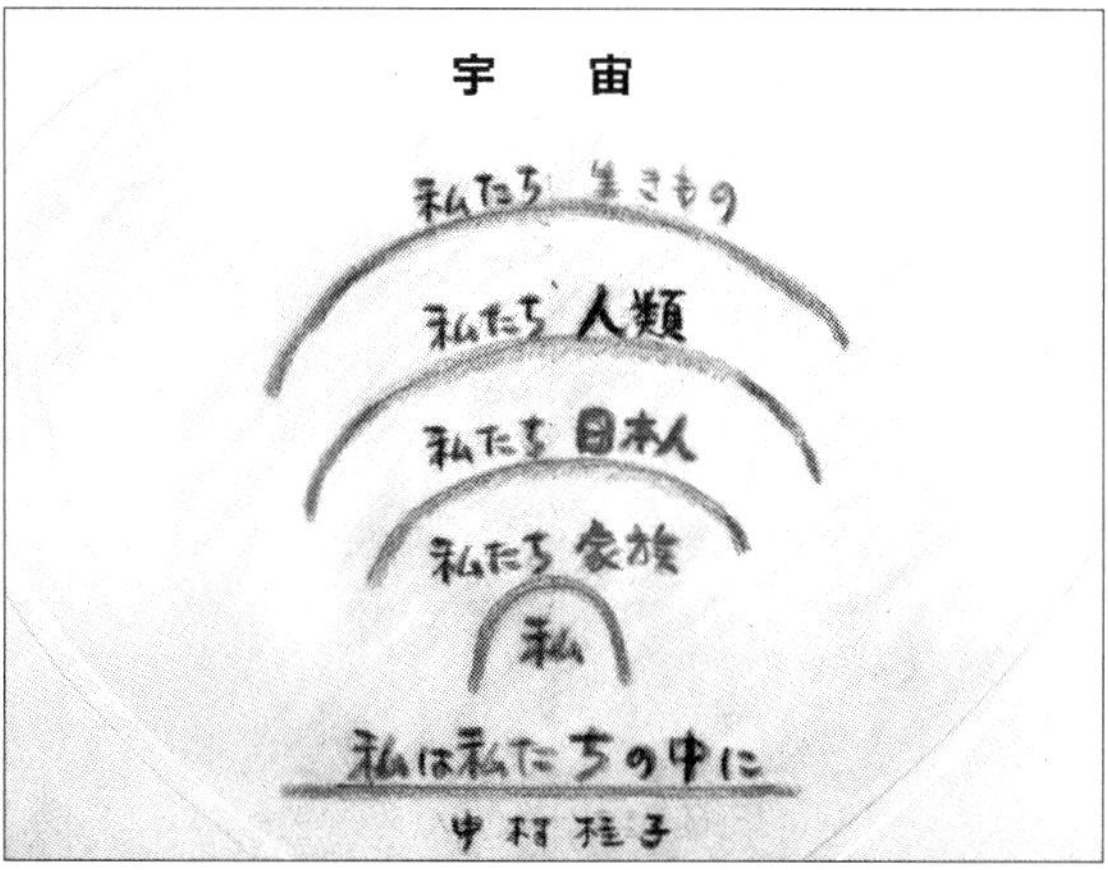

「私は私たちの中に」

のはどうかしらと気になりながらも、弱いことが新しさにつながる可能性を考えるのです。

競争ばかり強いてきた社会が新型コロナウイルスのパンデミックに出合い、さすがに最近は「利他が大事」という声が聞こえ始めました。人を蹴落として競争に勝とうとする社会よりも、他を思いやる、他のためにという気持ちをもつ人がつくる社会の方が暮らしやすいにきまっています。ただ、利他は利己を前提にしています。動詞で考え、「あわい」や驚きを大切にし、弱さを生かすという、これまで考えてきた流れでは、お互いがつながりあっている仲間である「私たち」の中にいる私が浮かびあがります。己と他を明確に区別する前の状態、「私たち」というところから、二足歩行する人間は始まったのではないでしょうか。生命誌は、「私たち生きもの」というところから始まります。そこから人類へ、そして日本人へ、友だちや家族へと「私たち」という意識がゆるやかに続いていく社会を考えています。もちろん大事なのは私ですけれど。

昨年、今年と花たちが例年になく美しく咲いています。つらい日を送る私たちを慰めてくれているのか、それとも何かを警告しているのか。直接お話しできる時がもてるようになりましたら、ゆっくり聞いていただきたいことがたくさんあります。その時を楽しみにしております。

お大切にお過ごしくださいますよう。

二〇二一年四月一〇日

中村桂子

第五信　生命への驚きと畏敬——若松英輔から中村桂子へ

中村桂子様

今年は期せずして桜を眺め求めた年でした。しだれ桜、染井吉野、山桜、八重桜、それぞれの訪れを感じることができ、どこか安堵している自分がいます。

先日、久しぶりに遠藤周作の『深い河』を読んでいて、桜をめぐる興味深い記述に出会いました。

「ヒンズー教徒は死体を焼いた場所に樹を植えるんです」

「日本だって桜の樹がそうです。吉野山の桜はすべて墓標のかわりだったし。死と植物は深い関係があるんです」

この言葉の根拠を作家に尋ねることは、もうできませんが、桜が墓標であるということと、人々が桜を愛しく感じることは無関係ではないと強く思いました。

異界からの来訪者を「まれびと」などと呼びますが、訪れるのは「ひと」であっても人の姿をしているとは限らず、桜はしばしば亡き者を思わせます。桜をこよなく愛し、桜を訪ねるように旅をした西行の心持ちが、改めてはっきりと感じられたようにも思いました。

遠藤周作のエッセイを再読しています。中村さんのお名前も出てきて、若い頃とは違いさまざまな機縁を感じつつ、ページをめくるのも別種の幸せがあります。

さて、今道友信先生の「好奇心」と「驚き」の話は、まさに、わが意を得たり、という思いが致しました。今道先生とは、本を通じた学恩があるだけで、お目にかかることはなかったのですが、ともにカトリックであることからも、いつも近くに感じていた存在でした。

「驚き」は、何かを発見したときにだけ訪れるのではなく、美しいもの、善きもの、あるいは永遠を感じさせるものにふれたときにも人は驚きます。今道先生であれば、「そこに愛を忘れてはならない」とおっしゃるかもしれません。

素朴な、しかし、稀《まれ》なる「驚き」への情愛を見失った学問は、いつしか世界を人間が制御可能なものであると誤解していきました。今、理系の大学に勤務しながら、もっとも危惧しているのが放埒《ほうらつ》な好奇心の罠です。

今道先生はおそらく、アウグスティヌスの哲学も背景の一つに据えながら「好奇心」の危うさを語ったのだと思いますが、『告白』の作者であるこの教父は、「好奇心」はしばしばこの世界への愛を欠くと述べています。また、愛の経験にはいつも、この世界への畏敬と畏怖が随伴するのはいうまでもありません。

人間が発見したものをすべて用いる必要はありません。どの世界にも禁忌はあってよく、用いないための発見があってもよいはずなのですが、「好奇心」によって導かれた発見は、それが世の中で広く用いられる発明になるところまで止むことなく邁進します。

また、好奇心は、ときに倫理を脅かします。

「倫」は「つながり」を含意する文字であるといいます。倫理とは「つながり」の理《ことわり》にほかならず、「つながり」はいつも動的なものであるはずなのですが、今日語られている倫理は、しばしば会議室で決められた決まり事になり果てています。

静的というよりも、停止的であるものに激しく動く、欲望を止めることはできません。それをいつも後追いに、是認することに追われるばかりです。こうしたことを考えると、中村さんの『生命科学』（講談社学術文庫、二〇〇〇年）にある一節を想起せずにはいられません。

生命科学は、研究対象が生物であり、最終的にはすべて人間につながっていく科学であるために、科学そのものの中に潜在している危険性への考慮が重要である。これまでの自然科学は、科学自体の中に存在する危険性を予測したり、科学の進歩にある程度の規制を加えるシステムをもつということは考えなかった。生命科学はその研究が内蔵している有益性と危険性の両刃の剣をみつめていく部分を、いつも自分の中にもちフィードバックしながら進んで行こうとしている点でも、新しさをもっている。

この言葉が記されたのは一九七五年でした。すでに四十五年以上経過しているのに、まったく新しさを失いません。語られていることが真実だからということでもあるのでしょうが、じつは、中村さんが、江上不二夫先生と共に行なってこられた「生命科学」は、新しい科学であるだけでなく、その底に不変の哲学を持つ営みであることが、およそ半世紀の時の流れのなかで実証されたのだと思います。

科学はもちろん、生きていく者として人は「生命への畏敬」を見失ってはならない。このシュヴァイツァーの言葉は、生命への讃歌であるだけでなく、現代への警告でもあったのだと思います。それを引き受けたレイチェル・カーソンが、その原点から動かなかったことの意味も改めて考え直しています。

シュヴァイツァーやレイチェルも、科学と文学あるいは哲学とのあいだを架橋するように生きた人でした。もちろん、中村さんもそのおひとりなのですが、残念ながら、現代は別な方向に進んでいます。

「生命への畏敬」から出発し、そこに還ってこなくてはならないはずなのに、新奇性や経済性、あるいは有用性、生産性といったところに軸が置かれているのが現状です。

しかし、それを科学者の責任に帰すというのも、あまりに短絡的で、的を射た見解ではないように思われます。なぜなら、科学の発見に経済的な貪欲さが結びつくときにこそ、ほとんど悪魔的といいたくなるような恐ろしい、破壊的なはたらきが生まれるからです。

これまでもさまざまな機会に水俣病事件をめぐってお話しさせていただきました。あの惨劇も「驚き」が見失われ、「好奇心」が独歩したところに生まれたものにほかなりません。科学と技術が「科学技術」という一語になり、研究と開発が「研究開発」という姿になり果てたところから、すでに科学の危機は容易に回復しがたい状態に入っていたのだと思います。

人と人はいうまでもなく、人と自然、人と歴史、さらにいえば「いのち」と「いのち」の「つながり」を考える坂部恵先生のような哲学者が必要です。

コロナ危機のさなか、坂部先生の著作に導かれながらカントを読み、そしてカントの生涯を改めて考え直していました。『純粋理性批判』などで知られるこの哲学者の若き日が、宇宙とは何か、自然とは何かをめぐる思索の日々だったことを知り、深い感動を覚えました。この哲学者も「驚き」と畏怖から出発し、その淵源を探った人だったのです。

信頼する人に手紙を書く。こうした素朴なことがこれほど大きな喜びであることを、これまで十分に感じ得ていなかったのかもしれません。

手紙を交換するのは今、会えない相手に違いないのですが、そのいっぽうで、確かな「つながり」のある人でもあることを考えると、そうした境遇への感謝が募ります。

遠からず、お目にかかれますのを楽しみにしつつ、それまでの日々はご著書を再読する時間にしたいと思います。

どうぞ、くれぐれも御身大切になさってください。ご無事を心からお祈り申し上げております。

二〇二一年四月一四日

若松英輔　拝

第六信　日常の中の〝愛づる〟——中村桂子から若松英輔へ

若松英輔様

お忙しい中、手紙の交換のお相手をしていただき本当にありがとうございました。宮沢賢治の力を借りて生命誌という知を深め、また広げたいという試みの中で、是非若松さんの助けをいただきたいと考えての勝手なお願いでした。

ドキドキしながらお手紙を開き、ああそうなのだと肯きながら読むのが楽しみでした。最後になりましたのでこれまでのお手紙を合わせて読み返しましたら、今という時代と賢治と生命誌とのつながりとして考えたいことがらがいくつも出てきました。その中で、今、関心をもっていることを少し聞いてくださいますか。

若松さんのおかげで、賢治の詩（心象スケッチ）にも少しずつ触れる勇気が出て、興味深い言葉に刺激を受けています。ありがとうございます。ご紹介くださった『コバルト山地』の中の「せいしんてきの白い火」は考えさせられます。おっしゃるとおり「精神」ではありませんね。やわらかさがあり、一面頼りなさもある、それゆえの豊かさを感じます。実は、二年ほど前に『ふつうのおんなの子のちから』（集英社、二〇一八年）という本を書いたとき、どうしても「おんなの子」でなければ表現できないものがありました。ところが、最近この本を取りあげてくださった雑誌の編集者が、「女」でも同じだろうとおっしゃったと聞き、悲しくなりました。いつもこれでなければ表せないという言葉を選んでいるかと問われると困るのですが、このときは「おんなの子」に思いを込めたものですから。言葉って自分ですもの。

「好奇心」についても改めて考えました。「そこには本来自然に対して抱く〝驚き〟の中にある、賛美や畏れがないのが問題である」という今道先生のご指摘に加えて、「好奇心は愛を欠く」というアウグスティヌスの言葉を書いてくださいました。賛美、畏れ、愛は、学問に欠かせないものであり、今それが忘れられているのが問題ですね。

賢治もそれを強く感じていた人に違いありません。物語を読んでいると、描きだされているすべてのものを愛しんでいる気持ちが伝わってきます。今回取りあげたお話でも、虔十、なめとこ山の熊、フランドン農学校の豚などはもちろん、小さな「いてふの実」一つひとつにも、狼森のような大きな存在にも、すべてに愛の眼差しが向けられています。けれども、賢治の物語の中には、愛という言葉そのものは出てこないのではないでしょうか。一つも出てこないと言いきる自信はありませんが、見ていないような気がします。

私もこの言葉はちょっと苦手です。どう表現したらよいのかわかりませんが、少し偉そうになる気がするのです。もちろん他の方がお使いになるのはまったく気になりませんし、大切な言葉であることはよくわかっているのですが。そこで出会ったのが堤中納言物語「蟲愛《むしめ》づる姫君」の「愛《め》づる」でした。

小さな蟲に向けられるお姫様の眼差しは、賢治のそれと重なります。周囲の人々は見ようともしない小さく目立たない存在をよく見つめることからおのずと生まれてくる愛しむ気持ちを表す「愛づる」は、大和言葉であるところに日常性があり、安心できます。その気持ちが「本《ほん》地《ぢ》尋《たづ》ぬる」ところから生まれるとあるのも共感でき、愛用しています。自然と言ってしまわずに、そこにある一つひとつの生きもの、とくに小さな生きものをよく見つめ、それがそこにあることのすばらしさを感じとりながら。賢治も、自然を語るときはいつも具体的な存在の日常の動きを通して語ります。そこには「愛づる」に通じるものがあります。

もう一つ、言葉を取りあげさせてください。最初に引用してくださった『春と修羅』の「序」

にある言葉です。

風景やみんなといつしょに
せはしくせはしく明滅しながら（…）
（すべてわたくしと明滅し
みんなが同時に感ずるもの）

とあり、その後には、

（すべてがわたくしの中のみんなであるやうに
みんなのおのおののなかのすべてですから）

と続きます。

注目したのは、「みんな」という言葉です。実は、『狼森と笊森、盗森』を読んで、これは農業の始まりを語っているのではないかと思いました。賢治が意図しているかどうかはわかりませんが、今たまたま人類にとって農業の始まりがもつ意味に関心があるものですから、ここに鋤や鍬を持って現れたのは、人類が初めて畑を耕したときの人たちと受けとめました。彼らは、森に向かって「ここへ畑起こしてもいいかあ」と聞きます。その人々を賢治は「みんな」と書いているのです。みんなで自然にお伺いをたてながら同じ仲間としてともに生きていくという意味を含んでいるように思います。今私たちも、多くの災害やコロナウイルスに悩まされながら、このような「みんな」であることが必要になっているように思うのです。自然に謙虚に向き合う仲間です。子どもがおねだりするときに「みんなが持ってるから」と言うときのみんなとは違います。一人ひとりが自律的でありながらつながっていることを示す「みんな」。賢治はそのような意味で使っているように思い、これを今に活《い》かしたいと思っています。

いただいたお手紙にある言葉を、自分の思いに引きつけてあれこれ考えるのがとても楽しみでした。今回書いたのもそんなことばかりです。勝手をお許しくださいませ。このような時間をいただけましたことに心からのお礼を申し上げます。

お書きくださった多くの先人たちの残してくれた言葉を思い起こしますと、今という時代を踏まえてそこから学ばなければならないことが次々と浮かんで参ります。

小さなウイルスにふり回されるのは生きものだからですが、ウイルスの存在を知りながら上手に生きることができるのが人間の人間たるところではないでしょうか。人間という生きものとしてみごとに生きる道を考えていきたいと思っています。

やはりお目にかかってお話を伺いたい。その日を楽しみにしております。

変異ウイルスが拡散しています。お気をつけてお過ごしくださいませ。

二〇二一年四月二九日

中村桂子

参考文献

『宮沢賢治全集』全一〇巻　筑摩書房（ちくま文庫）　一九八五～九五年
今福龍太『宮沢賢治　デクノボーの叡知』新潮社（新潮選書）　二〇一九年
コリン・タッジ　竹内久美子訳『農業は人類の原罪である（進化論の現在 Darwinism today）』新潮社　二〇〇二年
桜井弘『宮沢賢治の元素図鑑――作品を彩る元素と鉱物』化学同人　二〇一八年
ジャレド・ダイアモンド　倉骨彰訳『銃・病原菌・鉄――一万三〇〇〇年にわたる人類史の謎』上・下　草思社　二〇〇〇年（草思社文庫　二〇一二年）
ジャレド・ダイアモンド　長谷川真理子・長谷川寿一訳『人間はどこまでチンパンジーか？――人類進化の栄光と翳り』新曜社　一九九三年
スペンサー・ウェルズ　斉藤隆央訳『パンドラの種――農耕文明が開け放った災いの箱』化学同人　二〇一二年
髙山秀三『宮澤賢治　童話のオイディプス』未知谷　二〇〇八年

中沢新一『純粋な自然の贈与』せりか書房　一九九六年（講談社学術文庫　二〇〇九年）
中沢新一『対称性人類学　カイエ・ソバージュ5』講談社（講談社選書メチエ）二〇〇四年
バージニア・リー・バートン文・絵　いしいももこ訳『ちいさいおうち』岩波書店　一九六五年
ミヒャエル・エンデ作・絵　大島かおり訳『モモ――時間どろぼうと、ぬすまれた時間を人間にとりかえしてくれた女の子のふしぎな物語』岩波書店　一九七六年（岩波少年文庫　二〇〇五年）
山折哲雄、中村桂子ほか『NHKテレビテキスト　こだわり人物伝　遠藤周作〜祈りとユーモアの作家／宮沢賢治〜未来圏の旅人』日本放送出版協会　二〇一〇年十二月一日（二〇一一年一月放送分テキスト）
山本紀夫『高地文明――「もう一つの四大文明」の発見』中央公論新社（中公新書）二〇二一年
ユヴァル・ノア・ハラリ　柴田裕之訳『サピエンス全史――文明の構造と人類の幸福』上・下　河出書房新社　二〇一六年

あとがき

あとがきを書こうと筆をとり、まず取りあげたいと強く思ったのが、往復書簡、解説、月報という形でお書きいただいた文章です。「生命誌」という知を創る仕事は、さまざまな形で力を貸してくださるすばらしい方たちのお蔭で続けることができたとしか言いようがありません。「宮沢賢治で生命誌を読む」という本書で、それがこれまでになく強い形で出てきたという思いがこみあげてきます。若松英輔さんの書簡、田中優子さんの解説、小森陽一さん、佐藤勝彦さん、今福龍太さん、中沢新一さん（尊敬の気持ちを込めて皆様を「さん」とお呼びしています）の月報と、どれも一字一句を噛みしめながら読みました。生命誌が賢治から学ぼうとしていることをこれほど深く理解し、私の力では届かなかったところにまで深めてくださっていることに、本当に驚いています（ここでの驚きという言葉は若松さんと交わした書簡にある「驚き」です）。

なんとありがたいことでしょう。本の力が何倍にもなったと実感しています。ここでは、そこにあるすてきな言葉のほんの一部にしか触れることができませんので、是非往復書簡、解説、月報をていねいにお読みください。

この巻は、他と異なり「書き下ろし」です。宮沢賢治という名前は、子どものころから知っており、『風の又三郎』や『雨ニモマケズ』は教室で先生と一緒に読んだ記憶があります。でも、ままごと遊びを楽しむふつうの女の子には少し遠い世界で、あまり好きにはなれませんでした。その後、人並みに『銀河鉄道の夜』や『セロ弾きのゴーシュ』なども読み、自分なりのイメージの世界で遊べるようにはなりました。でも、作者の写真がどれも近寄りがたく遠ざけておきたい気分だったこともあり、どこか気になりながら、決してよい読み手とは言えないまま時を過ごしてきたのです。

賢治を読もう。そう思ったのは、二〇一一年三月一一日の東日本大震災とその後の津波によって引き起こされた東京電力福島第一原子力発電所の事故に出合っておろおろしていた時でした。少しでも社会に役立つことをしなければいけないと思う一方で、仕事である「生命誌」をこれからの社会づくりにつなげていくことが大事だという意識も強くなっていました。そして、「宮沢賢治に学びながら生命誌を考える」という作業が、そこにつながるに違いないと思ったのです。『宮沢賢治全集』をすぐ手の届く場所に置き、以来その状態が続いています。そのときから宮沢賢治を論じるのではなく、賢治の力を借りて今を考えるという作業を続けています。

ここで強調しておきたいのは、賢治の力の大きさです。生命誌は「人間は生きものであり、自然の一部である」というあたりまえのことを考える知の形なのですが、自然離れの激しい今の社会ではこれがなかなか伝わりにくく、悩んでいます。賢治の作品には、「生きもの」とか「自然」という言葉は出てきません。水車小屋の近くに住むタヌキ、山奥のクマ、野原に立つ樺の樹、農学校の豚など、こう書くと〝どうということもない〟生きものたちが、人間とのかかわりの中に描きだされる物語です。しかし、ここには今考えたいことがくっきりと浮かびあがっています。そこで、賢治を読むと、周囲の人に「生きるってこういうことなんですよね」といつもより自信を持って話しかけられるようになります。このような体験をもとに書いたのが本書です。

『グスコーブドリの伝記』のブドリや『銀河鉄道の夜』のカムパネルラとジョバンニのように主人公の名前からも実在ではない国を思わせる物語だけでなく、『風の又三郎』や『どんぐりと山猫』のように登場人物がどこにでもいるふつうの子どもたちのように描かれている場合も、賢治特有の世界が広がります。そして、どの物語にも、その底には「生命誌」とつながる「動いているいのちの姿」があります。いのちを語る物語は、大切なもの、すばらしいもの、美しいものというイメージで語られることが多いのですが、実際に日々生きものと接する仕事をしていますと、ときに目を背けたくなるようなことがらも見えてきます。賢治はそこを見つめています。

生きものが生きものとして存在しているだけであれば、仲間内での闘いや死のように、一見マイナスに見えることも、それ自身が生きることにつながっていることとして受け入れられます。けれども人間がそこに関わったときはめんどうになります。『フランドン農学校の豚』では私はもちろん、賢治もとまどいを見せています。解説で田中優子さんも同じ気持ちを書いておられます。人間は生きものであるというところを踏まえて、この問題はどうするのかという問いを、賢治はときにあっと驚くような形で投げかけてきます。

大事なのはそこです。往復書簡、解説、月報で本書に関わってくださった方々は、生き方を考えるときに、いのちを見つめるところから生まれる賢治の声を聞こうとしている点で、生命誌と同じ方向に歩いていらっしゃると受けとめました。おそらくこれは、これからの社会の方向を指し示しているのではないでしょうか。お書きくださった一つひとつの言葉をここで取りあげる余裕がありませんが、欲望にかられて競争に走るのは美しく生きる姿とは言えず、足るを知って謙虚に生きることをよしとするところに共通点を見出せます。生命誌にとっての心強い仲間がいてくださることを賢治を通して改めて知り、深く感謝し、その幸せを読者の方にも共有していただきたいのです。繰り返しになりますが、是非ていねいにお読みください。賢治の物語と同じようにここにも答えはありませんが、その代わりに考える素材がたくさん含まれています。

そのうえで一つ、どうしても書いておきたいことがあります。東日本大震災の後、賢治を読み始めたときに注目したことの一つは、農業でした。東京電力福島第一原子力発電所の事故が工業社会の自然離れの問題点を浮き彫りにしたこともあり、自然との関係を産業の面から考えたいと思ったのです。賢治に農業を社会の基盤とすることが重要という意識があることは明らかです。ただ、家が農家でないことに引け目を感じ、農民になろうとしながら周囲からはなかなか認めてもらえないつらさをさまざまな場面で吐露しています。生半可《なまはんか》な体験で本物になれるものか。農民たちは冷たい目で見ていました。当然と言えば当然。農業は総合的な経験に裏打ちされた深い知恵が必要なむずかしい仕事です。

賢治は科学が好きですから、東北の農民たちが知らない新しい知識を導入して彼らを重労働から解放し、よりよい収入の取得につなげようと努力しました。しかし同時に農業や農民を対象にした作品に、農業における生きものへの向き合い方にはどこか納得できないところがあるという悩みが見え隠れします。

実は最近、歴史学、生態学などさまざまな分野の研究者の間で、農業革命が人間の生きる道を歪めたと考える人が出てきました。田中優子さんが解説で江戸時代の暮しを語り、そこで行なわれている農業はみごとだと指摘されています。それは私も理解しているつもりですが、現在の農業にある自然の支配という意識を再検討するには農業の原点に戻る必要がある、という最近登場しつつある指摘も重要に思えるのです。これは徹底的に考えなければならないむずかしいテーマです。賢治の『狼森と笊森、盗森』に人類が農業を始めたときの様子とそこにある問題点が描かれているのではないかと思い、考えました。狼は狩猟時代を思わせ、笊は農業が始まって穀物を扱う時代を表すように思います。盗はその後の物々交換から貨幣時代をイメージさせます。二一世紀の今だからこその思いですが、賢治は直観でこのようなことを感じとっていたのではないかと思えなくもありません。

笊につながるイメージで、中沢さんが、「籠を編む」というなんとも魅力的な概念を出してくださいました。小森さんは、「イトヘンの文化」という言葉で同じことを語っておられます。ここに手がかりがありそうです。

今大きな課題になっている異常気象への対処として求められる化石エネルギーから再生エネルギーへの転換を見ても、自然支配の意識はそのままに、森林を伐採してメガソーラー施設を設置するなど、首をかしげたくなる例が決して少なくありません。賢治全集は手の届く場所に置き続け、歴史を振り返りながら、農業のあり方まで含めて今選ぶ道を探っていく必要があります。

あとがきは、〝これで終り〟と書くのがふつうですが、また新しいテーマで考え始めなければならないという話になってしまいました。賢治の物語には、そのような問いかけを生む力があるのかもしれません。今福さんは、賢治を「未完の人」と言っておられます。未完は悪くありません。

改めて、若松英輔、田中優子、今福龍太、小森陽一、佐藤勝彦、中沢新一の皆様に心からのお礼と、これからもお教えくださいとのお願いを申し上げて筆をおきます。編集を担当してくださった柏原怜子さん、柏原瑞可さん、甲野郁代さん、山﨑優子さんからも多くのアドバイスをいただきお世話になりました。深く感謝いたします。

二〇二一年七月

新型コロナウイルスのパンデミックが一日も早く収束することを願いながら

中村桂子

解説──私自身の中にある「生命」に向かって

田中優子

父の『宮沢賢治全集』から中村桂子さんへ

私の机の上に、戦時中に刊行された十字屋書店版の『宮沢賢治全集』六巻本がある。私が生まれたときにはすでに、父の書棚にあった本だ。もうぼろぼろで背表紙が擦り切れ、持つだけで表紙の茶色い紙の破片が手についてくる。

父は二十六年前に死去し、何冊かの日記を残した。一五歳から一九歳までの日記である。一九四〇年六月、一八歳のときに本郷の有斐閣で、探していた全集の一巻と四巻を入手したことが、実にうれしそうに書かれていた。三巻を七月に入手し、九月に刊行された二巻を買い、次の年に五巻を買ったことが、本の後ろのメモで分かる。さらに一九四三年に六巻が刊行されてそれを買ったようだ。一九四五年の横浜大空襲の直前、危険が迫っていることを予見して、父はまだ結婚していない母に、この全集を「とても大切なものだ」と言い防空壕に入れておいてくれるよう頼んだ。翌年結婚して、それは今日まで私の手元に残った。

「宮沢賢治の様な詩が書きたい」と日記にある。日記帳には実際、日記だけでなく多くの詩が書かれ、読んだ本やクラシック音楽についてのたくさんの記載がある。父は父親を幼児のときに亡くし、家が貧しくて小学校しか出られなかった。弱視でもあった。本屋の丁稚をしながら専検(戦後の大検)を通り、一八歳で化学関係の会社になんとか就職した。日記にはその苦しい日々が綴られている。『宮沢賢治全集』を入手したのは、その就職のころだ。父にとって宮沢賢治は遠い文学者ではなく、自らを重ね合わせる詩人であった。科学の道で生きていこうとしたのは研究者だけでない。大学に入れない階層であれば、就職先として目指した者も多かったであろう。宮沢賢治を通して、自分が学び現場で使う言葉が詩の言葉にも成り得ることを知ったのは、ひとつの希望だったに違いない。「不断の水をたたえるリービッヒ管」と始まる詩を、父はしるしている。

そういうわけで私も宮沢賢治の作品には折あるごとに接していたが、今回、中村桂子さんに改めて導いてもらおうと、壊れそうな全集をそっと取り出し、本書と往復したのである。そして私は本書で、今までにない読書体験をした。それは「知る」とか「理解する」という言葉では表せない、ひとつの世界にからだごと入りこむような「体験」であった。宮沢賢治の作品の中に中村桂子さんの生命誌の「まなざし」が動く。そのまなざしが賢治の世界を「眺め」「触れ」「味わい」

「納得し」、そして読者もそれを共有する体験であった。まさに著者が書いているとおり、「賢治と話し合っている」本なのである。

一方、題名に目を向けると、『生《な》る――宮沢賢治で生命誌を読む』となっている。本書は宮沢賢治論ではない、ということだ。生命誌で宮沢賢治を読むのではなく、宮沢賢治の童話で生命誌を読む本なのである。そして賢治と話し合いながら本書が向き合うのは、この社会の転換点に立っている私たちである。「人間は自然の一部なのですから、外の自然を壊す行為は、当然私たちの中にある内なる自然、つまり体と心をも壊すことなのです」と「はじめに」で中村さんが書いているように、すでに長い時間をかけて自然を壊してきた私たちは、もはやこれ以上同じことを続けるわけにはいかない危機的な状況下にある。生命誌は自らの中にある自然を見つめつつ、個々の生命が関わりながら成り立たせているこの世の全体を発見しようとしている。そうしなければ、私たちは自らの体と心を壊し続けることになるからだ。

ではどのように発見するのか？　それはここでは、物語による読み解きだ。「「生命誌」は自然、とくに生きものたちの中に存在している物語を読み解こうとしているのです」「「生命誌」は自然が語る物語を読む作業なのです」「ゲノムはおもしろいことにすべてを分析できるものでありながら全体を語れます」と。

そして、「賢治は明らかに自然の中から物語を引きだす天才」だとする。つまり読者は、宮沢賢治の物語の助けを借りて生命誌に近づき、生命誌によって自らの内の自然を発見し、それが、生命が相互に関わる壮大な世界へと結びつく。そうなれば私たちは生き方を変えざるを得なくなる。そう考えたとき、本書とこのシリーズは単に科学を喧伝するためのものではなく、単なる個人全集でもなく、価値観の転換を迫る哲学書であり提言書である、と気づくのだ。

科学による進歩と、それが生みだす問題

宮沢賢治の書いた作品もまた、そういうものだったのではないだろうか？　その視点から見たとき、とりわけ強く私の中に残ったのは、『土神ときつね』『フランドン農学校の豚』『なめとこ山の熊』であった。『土神ときつね』を取りあげて著者は、「科学が大好きな賢治」だが、「科学のもとに始まった近代化が従来の生活に変化をもたらし、しかもそれが必ずしも皆の幸せにつながっているとは言えないことへの疑問を無視することはできず、悩んでいたところが見えます」と読む。それは著者である中村さん自身と重なる。「科学が明らかにする自然の姿にはとても興味があり、意味を認めるけれど、科学による進歩だけを求め、そこから生みだした技術による近代化は本当にいきいきした生活への道だろうかという問い」が、まさに「生命誌」の道を選んだ理由だからである。

『土神ときつね』の結末はなんとも暗い。知識と先進性をひけらかす狐は、実は何も持ってお

らず、死んだ狐のレインコートのポケットには、かもがやの穂が二本入っているだけだったのである。中村さんは「もしかしたら、私たちが今追いかけている新しい科学技術も、実は、「かもがやの穂二本」なのかもしれない」と指摘する。東日本大震災の原子力発電所事故のときも、今回のパンデミックにあたっても、地球温暖化についても、科学によって起こった問題は、より先進的な科学によって克服できる、という「安全安心」神話がつくられ続けている。その考えを支えているのは他ならぬ私たちであるとしたら、中村さん同様、「狐を殺してもそこからは何も得られないと思う一方、この道を歩いている私は狐であり、滅びることでしかこの歩みは止まらないのかもしれない」という空漠たる思いに至る。

賢治が書いた科学についてのこの物語は、私たちが狐のように単なる新奇好き、西欧崇拝者、科学信奉者であるなら滅びるしかない、という結論になるし、私たちが土神のように保守的で気分屋で新しいことへの嫉妬心しかもち合わせないなら、これも滅びへの道だという結論になる。どちらでもない道はどこにあるのか？　科学には、否定しなければならない側面と同時に、事実を尊重するために大切にしなければならない方法や技術が存在するわけで、その見極めをするのは私たち人間なのだ。

「いのち」と向き合うしかない

『フランドン農学校の豚』は読むのがとてもつらい作品だ。しかしながら人間が「野生種を自分の都合のよいように変化させ、飼いならして」きたことは事実であり、中村さんが書いているように「これが自然を支配するという意識の始まりであり、現代の地球規模での自然破壊にまでつながる人類史の始まりである、ととらえる人が近年増えて」いることも事実だ。それを前提にして宮沢賢治の中に中村さんが発見したのは、「この感覚の先取りと、それをよしとしない価値観」であった。

決してベジタリアン（菜食主義者）になれば良いという思想ではないことも、『ビジテリアン大祭』を挙げながら指摘している。『ビジテリアン大祭』はベジタリアンの集まりがテーマでありながら、ベジタリアン思想に対する反対意見がさまざまな角度から書かれている。多様な議論があることを示した興味深い作品だ。生命誌もまた「野菜も生きものですよ」と言う。そう、野菜も生きもので魚も生きものだ。生きものを食べることができなければ、生きものである人間は死ぬしかない。だから生命誌が示すのは「いのちと向き合うしかない」ということであった。確かにその意味で、生命誌は賢治と同じところに立っている。

『なめとこ山の熊』を挙げて中村さんは、「小十郎の死とは、相互に認め合い交感し合う真に生きることの結果」と書いた。「やるせなさ」「崇高さ」「生と死が絡み合った生きる姿」という言葉も心に響く。人間は生きるために、死期を迎える前の動物を殺す。日本は中国文化圏にありながら、仏教思想のもとでそのことを嫌悪し、家畜を食べる習慣をもたなかった。したがって江戸時代ではそもそも豚の飼育はなく、牛の屠殺もなかった。死期を迎えた馬や牛を引き取って皮をはぎ、それを武具や太鼓などに利用することだけが行なわれたが、それさえ職人たちは差別され、世襲で技術を継承した。しかし江戸時代でも魚介類は大いに採ったわけだし、野菜もたくさん栽培した。鳥は鶏だけでなく、鶴も朱鷺《とき》も鶉《うずら》も食用だった。そして熊である。

私は『カムイ伝講義』という著書でマタギを取りあげた。マタギは捕った熊の肉は食べたが、内臓などは薬として売った。江戸時代に書かれた鈴木牧之《ぼくし》の『北越雪譜』によると、熊胆《くまのい》はことさら高い値で売れたので、雪が止むと猟師たち五人から七人ほどが三、四疋の猛犬を連れ、槍や山刀や鉄砲や斧や米、塩、鍋を持って山に入り、何日も山で過ごすのだという。小十郎のように単独で行動することはなかった。

また白土三平の『カムイ伝』は『秋田マタギ資料』を使い、ケボカイ（ケボケェ、毛祭）と呼ばれる儀式を忠実に絵とセリフにしている。獲った熊の頭を川下に向け、皮を剝ぎ、体の肉に皮をかぶせる。そこで榊を持ち「プジトーイ　オンノロリビシャッ　ビシャホジャラ　ホンワ　ニクジリ　ヨーハンソーモッコ　オンバタソーワカ　アブランケンソワカ」という唱えごとをもってケボカイをなし、その後、頭と尻を逆にして皮をかぶせる。次に、トリキ（くろもじ）の木から作った串二本に、各々十二片の肉を刺す。これを「モチグシ」と言う。切り身の数は、捕った熊がその年の何回目であるかによって異なる。回数が重なるたびに、供え物の数は多くなる。モチグシの形で山に戻すのだ。狩猟した動物を山の恵みとし、その恵みを山に暮らす動物たちと分け合うのである。際限なく自分のものにしようとする、産業革命以降のものの獲得の仕方とは、基本的に異なる。

さらに、『北越雪譜』からは、熊は恐ろしいものではなく、山の恵みであることも伝わってくる。薪採りに入った若者が雪山で谷底に転げ落ち、熊の穴の中で熊に助けられて一と月以上も暮らし、雪が消えてから熊にいざなわれて村へ帰った話を、鈴木牧之は本人から詳しく聞いて書き留めている。そこに書かれた熊の優しさと賢さは、人が熊を冷静に観察し、ともに生きる者として考えていたことを示している。古代から江戸時代に至るまで、こうして人間は動物や自然を支配の対象ではなく、「恵み」として見てきた。そうでなければ、自然から見放されるのである。

「生と死が絡み合った生きる姿」の重さ

賢治のこれらの作品を改めて読んで、私は子どものころの読書体験を思い出した。私は少年少女文学全集や、アンデルセン、サン＝テグジュペリ、エドガー・アラン・ポー、カレル・チャペックなどを熱心に読んでいた。翻訳物ばかりである。宮沢賢治は家にあったのでときどき手にとり、『注文の多い料理店』も『銀河鉄道の夜』も『風の又三郎』も『セロ弾きのゴーシュ』も読んでいたが、それ以外の作品を読みかけて途中で閉じるということをしていた。その理由が今回、本書によってわかった。確かにアンデルセンにもグリムにもポーにも悲惨な物語はある。しかしそれらと比べ、賢治のこれらの作品には、ひどく重苦しいものを感じた。『なめとこ山の熊』を読んで、その感覚を思い出したのである。

それは人間に対して突きつけられた「死」である。理屈としての死ではなく、中村さんの言葉で言えば「生と死が絡み合った生きる姿」のもつ重さであった。江戸時代までの人々が行なっていた狩猟の際の儀式は形式的なものではなく、命を奪うことの罪障への苦しみを言葉と形にしたものに違いない。能に『鵜飼』という演目があり、夏になるとよく上演されるのだが、鵜から魚を奪うことで生きるその職業そのものに罪を感じ、成仏できないのである。「生と死が絡み合った生きる姿」を、日本の文化はさまざまな形で表現してきた。そこには、他の生きものを殺さなければ生きていけない人間の苦しみがある。その重さを表現した童話は、他にないであろう。

その表現のひとつである「贈答」にも、中村さんは触れている。ケボカイの後に行なわれるモチグシは、『狼森と笊森、盗森』で書かれた粟餅そのものだ。それについて中村さんは、「ご馳走へのお礼にみんなは粟餅をこしらえて、狼森に置いてきました。そのときにここで起きたのは交換ではなく贈与であり、まさに対称性の世界です」「神話では人間を特別視しないのです。ここでは、農業が太陽からの恵みを受けて実り（農作物）をもたらすように、人びとが物を分け与え、受けとる営みの中に信頼が生まれ、自然とのつながりもよみがえります。商業や経済の世界ではあたりまえとされる等価交換ではなく、純粋な〝贈与〟が行われているのです。神話の世界では言語は詩を生み、人間は宇宙の一部とされます」というすばらしい文章だ。

汗水流して働く豊かさ

同時に中村さんは、「農業革命以降の人間は、「〇〇してもいいかあ」と自然に対して問うことをまったく忘れています」と言う。つまり贈与から市場への転換は、農業革命以降に起こっており、そこでは自然への問いかけがもう行なわれなくなった、という意味であろう。しかし贈与は、江戸時代のような農業の時代にも行なわれていたことが、マタギの事例でもわかる。そしてもうひとつ、「みんな」を主語とする働き方も、江戸時代のような農業の時代にも行なわれている。もうひとつ事例を挙げたい。

江戸時代の一八三三年、大蔵永常《おおくらながつね》という農民が『綿圃要務《めんぽようむ》』という農書を書いた。大蔵永常の故郷、九州の日田《ひた》市では綿作が行なわれており、永常の祖父はそれに熟達していた。激しい夕立にあったとき、「綿どもが生き生きとしてよろこびあへる」と、まるで子どもを見るような目で綿花を見ていた祖父の姿を、永常は忘れられない。「農作を勤めと思ひてハ大義也。我子を育つる心ならざれバ、其利潤を得るにハ至らず」――義務で農業はやれない。子どもを育てるような、喜びをともなう気持ちで励んではじめて、利潤を得るほどの収穫になる、と永常は書いている。『いてふの実』で、光と風の中をいっせいに飛び立っていく子どもたちの会話を聞くように、綿花が喜んで語りあった声を、江戸時代の農夫も聞いたのである。

『綿圃要務』は「簡単だからやってみるとよい」という勧めの本ではなかった。「手間がかかるが、喜びをもって育てられる」のが綿作である、と書いた。永常は、「綿《わた》は人手にかかる事十四五段を経て用をなすものなれバ、国民をにぎはすの大益あり」と書いた。経済活性化（国民をにぎはすの大益）とは、大量生産のことでも大量消費のことでもなく、働く機会が増え、多くの人が職を得ている状態なのだ。「豊かさ」とは、お金を払って外国人を働かせ、その安価な商品を買って自分は遊び暮らす、という豊かさではなかった。汗水流して働く機会がある、という豊かさであった。中村さんが言うとおり「農耕はとても厳しい労働を要求するもの」であることは事実だが、「暮しそのものから労働という部分が切り離されて働き続ける。何のために働いているのかさえもわからなくなる」のはもっと先のこと、やはり産業革命後の社会のありようだったのではないだろうか。

私は『布のちから』という著書のなかで、ウィリアム・モリスを取りあげた。モリスは『民衆の芸術』という本の中で、「動物的な生命をさえ短くするような恐ろしい非人間的な苦労をして下らぬ品物をつくっている何千という男女がいる」「競争的な売買の要素としてしか用いられないような品物を作るような労働こそ廃止すべき」と指摘した。これは工業製品のことである。人の労働が人の全体から切り離され、時間で買われている。そこに「芸術」は存在し得ない、と。

生命と芸術

最後にその「芸術」について触れておきたい。一九九九年の春、生命誌研究館で「生命の樹――科学と布の芸術にみる生命観」の展示が始まった。その前の半年ほど、私は他の研究者の方たちとともに生命誌研究館に何度も足を運び、この展示企画をさせていただいた。中村桂子さんとも対談することができた。この経験の中で、生命誌とは生命そのものがもっている均衡の美しさや生成過程の見事さに目を向けることが、ひとつの使命であることを知った。さらに、人間は自分自身が自然の一部であるとともに、自然を五感で感じとり、それを芸術としてつねに形にしてきたのであって、そこにまなざしを向けることも、また生命誌の役割であることを知った。科学者には個人として芸術との両輪を動かしている人が少なくない。しかし分野として芸術とともにあることを使命としているのは、生命誌だけではないかと思う。

賢治の作品で言えば、『セロ弾きのゴーシュ』に私は生命と芸術との深い関わりを感じる。「町の活動写真館＝できない者はダメ人間とされる社会」と、「水車小屋＝生きものとして存在できる場」が対照的に置かれていることを、中村さんは発見している。水をごくごく飲み、大きな黒いものを取り出す、という儀式によってゴーシュは「生きものとしての人間になる」と。生きものとしての人間は、他の生きものと交流するばかりでなく、他の生きもの、つまり自然界から教わり、自然界に自分のリズムや音を合わせ、それを人間世界の表現に置き直すことができる。

モリスが、非人間的な労働から芸術は生まれない、と気づいたように、私たちには水車小屋が必要なのである。中村さんは賢治の『農民芸術概論綱要』を通して、「生きることをまるごと考えようとすると、そこには当然自らを表現することが含まれます」「大事なのは生きるという全体を知ることとです。それには、自然の中から得たことを表現し、多くの人と共有しながら考えていくほかありません。ですから、演劇・音楽・芸術・文学などの表現は、生命誌の一部なのです」と書き、コロナ禍での「芸術は不要不急」という考え方に疑問を呈している。

そう。振り返ってみれば、『万葉集』や『古事記』、無数の和歌や俳諧や旅日記や絵画で、日本人は自然を表現してきた。それは歴史の中で多くの人々が自分の生活の中に水車小屋をもち、そこでの体験を表現に変えてきたからである。それがなければ文化はなかった。若松英輔さんとの往復書簡で中村さんは「思いきり森の空気を吸い込んだり、浜辺で絶え間なく寄せる小波に足元を濡らしたりしたとき生まれる生きものとしての感覚に、体の中にあるＤＮＡを思いうかべることで浮かぶ感覚を重ねるとさらなる広がりをもてるのに」という言葉も書いてくださっている。

先日、精神分析家の北山修さんとWEB上で公開対談をした。視聴者からの質問のひとつに「私はなかなか自分を表現できません。自分らしく生きるためにはどうしたらいいのでしょう」というものがあった。私は江戸時代の人たちのように、分身を作って「別世」で過ごす時間が必要、と答えた。北山さんはそれを聞いて、その別世は「自然」がいい。森、海辺、川辺などで一人に戻ってみると、自然の中で別の自分が見えるから、と付け加えた。その言葉が、中村さんの言葉と重なった。

生命誌が単なる知識ではなく、私たち一人ひとりが生き方を変え、それによって社会全体の価値観が変わっていくために存在する領域であることを、私は十分に納得した。その入り口はすでに宮沢賢治と父によって用意されていたのであるが、中村桂子さんによってその入り口から私自身の中にある「生命」に向かって、導かれたように思う。

たなか・ゆうこ　一九五二年神奈川県生。法政大学前総長。二〇〇五年紫綬褒章。著書に『江戸の想像力』(ちくま学芸文庫、芸術選奨文部大臣新人賞)、『江戸百夢』(ちくま文庫、芸術選奨文部科学大臣賞、サントリー学芸賞)等多数。

著者紹介

中村桂子（なかむら・けいこ）

1936年東京生まれ。JT生命誌研究館名誉館長。理学博士。東京大学大学院生物化学科修了、江上不二夫（生化学）、渡辺格（分子生物学）らに学ぶ。国立予防衛生研究所をへて、1971年三菱化成生命科学研究所に入り（のち人間・自然研究部長）、日本における「生命科学」創出に関わる。しだいに、生物を分子の機械ととらえ、その構造と機能の解明に終始することになった生命科学に疑問をもち、ゲノムを基本に生きものの歴史と関係を読み解く新しい知「生命誌」を創出。その構想を1993年、「JT生命誌研究館」として実現、副館長（～2002年3月）、館長（～2020年3月）を務める。早稲田大学人間科学部教授、大阪大学連携大学院教授などを歴任。

著書に『生命誌の扉をひらく』（哲学書房）『「生きている」を考える』（NTT出版）『ゲノムが語る生命』『「ふつうのおんなの子」のちから』（集英社）『生命誌とは何か』（講談社）『生命科学者ノート』（岩波書店）『自己創出する生命』（ちくま学芸文庫）『絵巻とマンダラで解く生命誌』『小さき生きものたちの国で』『こどもの目をおとなの目に重ねて』（青土社）『いのち愛づる生命誌』（藤原書店）他多数。

生《な》る　宮沢賢治《みやざわけんじ》で生命誌《せいめいし》を読《よ》む

中村桂子《なかむらけいこ》コレクション　いのち愛《め》づる生命誌《せいめいし》 7（全8巻）〈第7回配本〉

2021年8月30日　初版第1刷発行©

著　者　中村桂子
発行者　藤原良雄
発行所　株式会社 藤原書店

〒162-0041　東京都新宿区早稲田鶴巻町523
電　話　03（5272）0301
FAX　03（5272）0450
振　替　00160-4-17013
info@fujiwara-shoten.co.jp

印刷・製本　中央精版印刷

落丁本・乱丁本はお取替えいたします
定価はカバーに表示してあります

Printed in Japan
ISBN978-4-86578-322-3

◆響き合う中村桂子の言葉と音楽 …………ピアニスト　舘野 泉

中村桂子さんと対談をさせていただいた（『言葉の力　人間の力』収録）。2011年3月7日に東日本大震災が起こる四日まえのことだった。東京でも雪が降り、その中を中村さんが我が家に来てくださった。

私たちは人間のために世界は創られていると思いがちだが、人間中心のその考え方が独りよがりのものに思えた。生きとし生けるものが、みなそれぞれに生きている。どんなに小さなものも、大きなものも、何のためにか知らないけれど生きているのだ。そして、どこかで繋がっている。そんなことを語り合い考えた。

毎年、季節が巡れば花が咲く。花を咲かせるものも、咲かせられないものも生きている。いつかは消えてなくなっていくけれど、死さえも生きて蘇るものとなっていく。

そんな思いで、私の音楽も生まれ、一つ一つのピアノの音が昇り消えてゆくのを聴いている。中村さんの言葉と響き合っていると感じる。

◆しなやかな佇まい ……………………………………作家　髙村 薫

「ひらく」。「つなぐ」。「ことなる」。「はぐくむ」。「あそぶ」。「いきる」。「ゆるす」。「かなでる」。科学と人間をつなぐこれらの柔らかな目次の言葉たちは、科学者である著者の全人生から発せられたものである。

そのしなやかな佇まいは、今日の生命科学の知見が塩基の配列といったレベルを超えて拓いてゆく世界の広大さと、それを見つめる私たち人間の好奇心、そして日々生きて死ぬいのちの営みの凄さ、面白さのすべてを言い当てていると思う。

◆よくわかった人 ……………………………… 解剖学者　養老孟司

中村さんはよくわかった人です。すごいなあと思います。子どもにもちゃんとわかるように語ることができます。ということは、本当によくわかっているということです。わかっているつもりで、わかってない。そういう専門家も多いですからね。

いわゆる科学をなんとなく敬遠する人がいますが、そういう人こそ、この本を読んでください。大人はもちろん、子どもにもお勧めです。生きものの複雑さ、面白さがわかってくると思います。

▶本コレクションを推す◀

◇生命誌研究館での出会い…………………… 絵本作家 加古里子

柄にもなく、地球生命の現状を知りたくなった私が、跳び込むようにJT生命誌研究館を訪れたのは、いつのことだったか。高槻市に創設されて間もないときではなかったか。記憶では、『人間』という科学絵本を書こうとしていた頃ではないかと思う。

生命誌という観点に大いに興味を持ち、当時の館長の岡田節人氏と副館長の中村桂子氏から、単なる生命の展開ではなく、生命誌という観点に立つ扇形の展開図「生命誌絵巻」を見せていただいた。また、新しい見事な「生命誌マンダラ」の円形の図にも感服し、教示を受ける幸運を得た。

中村桂子先生とは、それ以来の交流で、その後館長になられ、2011年には対談もさせていただいた。得難い時間であった。

いうまでもなく、生きる基本に「いのち」がある。それを生命誌という貴重な考え方で説く、中村桂子コレクションが発刊される。私が得た幸運を、皆様にも、ぜひにと願う。　＊ご生前に戴きました

◇中村桂子先生について ………………………児童文学者 松居 直

中村先生は、とても鋭い見方をする方。単に科学者というだけでなく、本当にいちばん本質的なところを、ちゃんと突く。しかも、男性ではなく、女性である。女性ならではの鋭さかもしれない。男女を問わず、このような科学者は、そんなに多くいるわけではないだろう。

中村先生が、まどみちおさんの詩に共感し、生命誌として読み解き、その世界にこたえの一つを見つけられたことは、決して間違っていない。

本には共感すること、教えられることが、いっぱいある。私自身この年齢になってからも、考えたり学んだりするということは、幸せといえば幸せ。同時に今まで何をしていたのかと思うこともある。いのちを大切にする社会を提唱している中村さんの本は、そう気づかせてくれた一冊である。

今、「いのち」ということを、子どもたちが深く知る、感じるということが、とても大切だと痛感している。中村桂子コレクションの中でも、特に『12歳の生命誌』は、大切なことを分かりやすく書かれた本で、子どもにも大人にも、ぜひ読んで欲しいと思う。

中村桂子コレクション
いのち愛づる生命誌

全8巻　**内容見本呈**

推薦＝加古里子／髙村薫／舘野泉／松居直／養老孟司

2019年1月発刊　各予2000円～2900円
四六変上製カバー装　各280～360頁程度
各巻に**書下ろし「著者まえがき」、解説、口絵、月報**を収録

❶ ひらく　**生命科学から生命誌へ**　**解説＝鷲谷いづみ**
月報＝末盛千枝子／藤森照信／毛利衛／梶田真章
288頁　ISBN978-4-86578-226-4　［第2回配本／2019年6月］2600円

❷ つながる　**生命誌の世界**　**解説＝村上陽一郎**
月報＝新宮晋／山崎陽子／岩田誠／内藤いづみ
352頁　ISBN978-4-86578-255-4　［第4回配本／2020年1月］2900円

❸ かわる　**生命誌からみた人間社会**　**解説＝鷲田清一**
月報＝稲本正／大原謙一郎／鶴岡真弓／土井善晴
312頁　ISBN978-4-86578-280-6　［第6回配本／2020年9月］2800円

❹ はぐくむ　**生命誌と子どもたち**　**解説＝髙村 薫**
月報＝米本昌平／樺山紘一／玄侑宗久／上田美佐子
296頁　ISBN978-4-86578-245-5　［第3回配本／2019年10月］2800円

❺ あそぶ　**12歳の生命誌**　**解説＝養老孟司**
月報＝西垣通／赤坂憲雄／川田順造／大石芳野
296頁　ISBN978-4-86578-197-7　［第1回配本／2019年1月］2200円

❻ 生きる　**17歳の生命誌**　**解説＝伊東豊雄**
月報＝関野吉晴／黒川創／塚谷裕一／津田一郎
360頁　ISBN978-4-86578-269-1　［第5回配本／2020年4月］2800円

❼ 生《な》る　**宮沢賢治で生命誌を読む**　**解説＝田中優子**
往復書簡＝若松英輔　月報＝今福龍太／小森陽一／佐藤勝彦／中沢新一
288頁　ISBN978-4-86578-322-3　［第7回配本／2021年8月］2200円

⑧ かなでる　**生命誌研究館とは**　**解説＝永田和宏**
［附］年譜、著作一覧［最終配本］